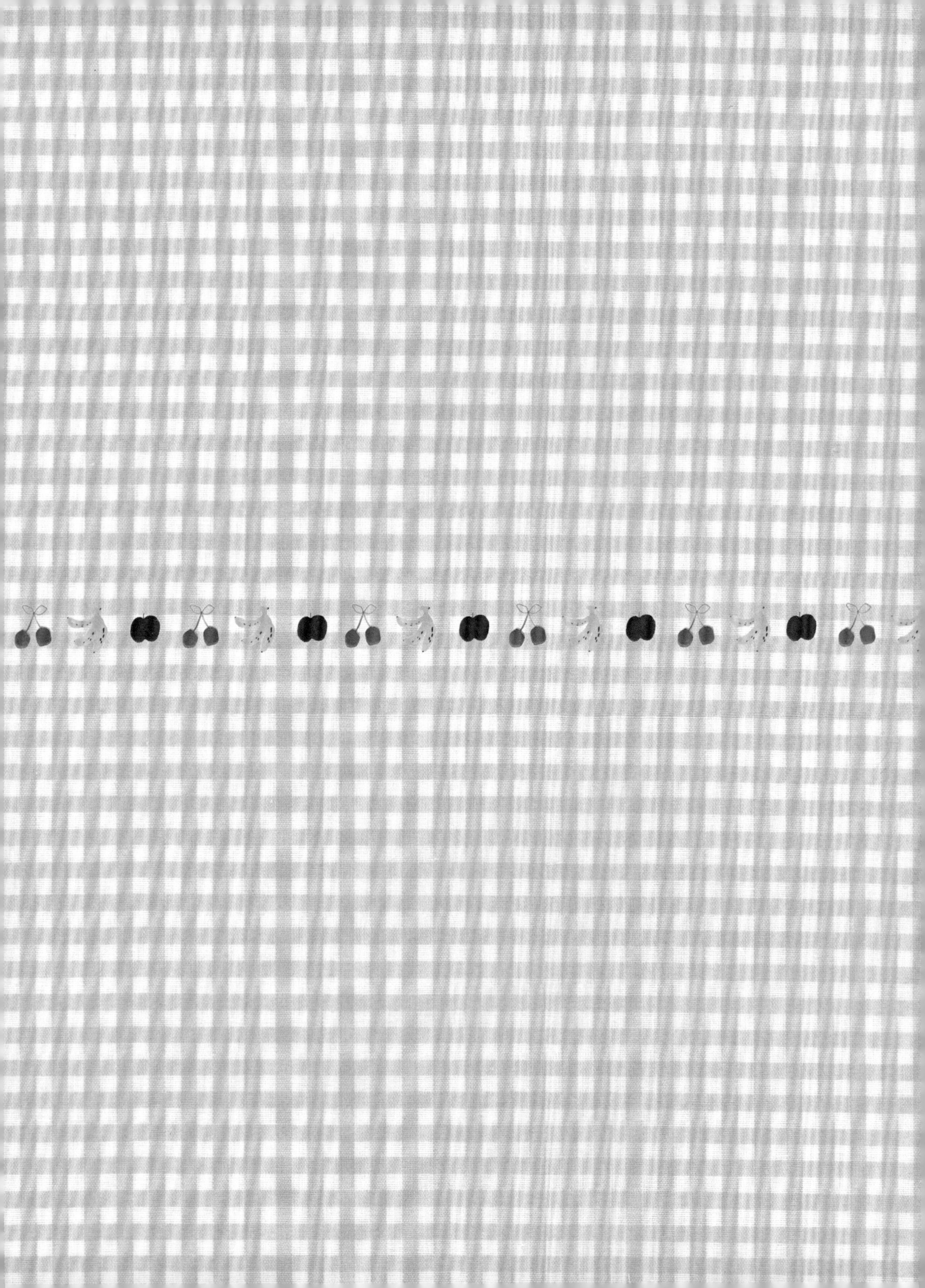

愛上「水果酵素」手作好料

醬‧醃‧泡‧釀‧烤

81道料理‧輕食‧點心‧飲品

目錄

第4章
水果酵素精華讓平凡的點心更添美味

⇒本書的使用方法

- 量匙的一大匙為15ml、一小匙為5ml。
- 1杯為200ml。
- 雞蛋使用中型雞蛋（58至64公克）。
- 微波爐的加熱時間以600W的機種為基準。

什麼是水果酵素精華呢？

我們平時可能很少注意到，「酵素」指的究竟是什麼呢？在介紹水果酵素精華之前，先簡單說明酵素是什麼。

取得「消化酵素」與「代謝酵素」之間的平衡，就是健康與美麗的關鍵。

酵素是蛋白質的一種，是我們生存所不可或缺的物質。主要分為「消化酵素」與「代謝酵素」。

消化酵素的功能，在於消化、分解我們每天所吃下的食物，並將其化作營養讓身體吸收。

另一方面，代謝酵素則能促進新陳代謝，再生、修復細胞，調整荷爾蒙的平衡，提高免疫力及自癒能力，幫助排出體內毒素。

用餐時沒有好好咀嚼，或暴飲暴食，會大量的消耗掉消化酵素，為了補足不夠的消化酵素，用於代謝的酵素量會逐漸減少。

代謝酵素一旦不足，就會因代謝不良而產生容易變胖、容易疲倦、免疫力降低、荷爾蒙失衡、容易生病等身體不適。

古人早有「吃八分飽保持身體健康」的說法，我們應該時常謹記，吃太快或吃太多，不只是會對腸胃造成負擔，更會消耗掉身體中過多的酵素。

我某次在電視上看到了一個很有趣的實驗。兩隻同年齡的猴子中，對其中一隻進行熱量的限制，另一隻則讓牠吃十二分飽，如此長年下來，長期吃下過多飼料的的猴子，臉上皺紋特別明顯，毛髮凌亂，與被限制飼料熱量的猴子相比，明顯老了許多。當時真的很震驚，竟然會有這麼大的差異。

從這個案例來看，只要改掉吃太多的習慣，就能充分確保身體內的代謝酵素，也就握有健康和美麗的關鍵了。

利用水果酵素精華補充身體中不足的酵素

除了注重熱量之外，您平時的飲食是否也注意營養均衡呢？每天在用餐的同時攝取、補充身體中不足的酵素，對維持身體健康是非常重要的。

本書所介紹的水果酵素精華，是將新鮮的水果及蔬菜放入寬口的玻璃瓶中，再加入甜菜糖使其發酵後製成的。只要於20℃至25℃室溫中放置一至兩週左右，利用微生物的作用使其自然的發酵，就會湧上如啤酒般的氣泡。

完成的水果酵素精華，有著水果及蔬菜的甜味與美味，是濃醇水果風味的糖漿口感。請先以水稀釋後飲用，如此能充分體會其溫和的甜味及香氣。萃取出酵素精華後的水果及蔬菜也依然非常美味，書中將其稱為酵素水果，之後還會介紹各種使用方法。

水果酵素精華及酵素水果，這兩者都很適合製作各種料理或點心，是能提升食物美味的優秀調味料。除了當作飲料之外，也有各式各樣的使用方式，就算每天食用也不會膩。

為什麼水果酵素精華會對身體有益呢？

水果酵素精華跟發酵食品一樣，能藉由正常菌等微生物的力量，提出食材的美味，同時攝取到更多營養成分。

本書中介紹的水果酵素精華，是使用甜菜糖來製作。甜菜糖所含的蔗糖，在發酵的過程中會分解成葡萄糖。原本蔗糖是造成蛀牙的原因，也是幽門螺旋桿菌的食物，但因為蔗糖在發酵過程中已轉化成葡萄糖，所以可以安心的食用。但仍請注意糖分攝取量，一天的建議用量約60ml即可。

因為美味而持續食用

每次在吃健康食品時，是不是內心有「也許對身體很好，但是實在不好吃」的念頭？

忍耐吃著不好吃的食物，大腦無法獲得滿足，會造成往後的暴飲暴食。產生「吃起來既美味，又能同時變健康變美麗」、「想讓孩子吃到不含添加物的安全點心」、「雖然在減肥中，還是想吃甜食」這些想法的人，最適合食用用水果酵素精華或酵素水果所製成的甜點！

另外，也可以作為小斷食時的飲料飲用。因為能提供最低限度的熱量及糖分，早上就算只喝了水果酵素精華就出門，到了中午也幾乎不會有空腹感。

達成美麗&健康的捷徑

開始飲用水果酵素精華後，排便變順暢了、早上起床時變得很清醒、比較不容易疲憊、肌膚變漂亮了、過敏的咳嗽症狀減輕了……等各種驚喜喔！

前面所述的水果酵素精華是以甜菜糖所製作，甜菜糖中除了含有蔗糖，也含有非常多能促進腸內好菌增加的天然寡糖，因此對於有便祕困擾的人特別有功效。這也就是為什麼，使用者中的感想多是將便祕治好了。

不喜歡吃蔬菜導致便祕的四歲小男孩，也因為開始飲用水果酵素精華，排便變得非常順暢。

筆者自己飲用過後的感想是，肌膚開始產生透明感，體重及腰圍都減少，變得更為苗條。原本每週我就有走路運動、到健身房鍛鍊等習慣，但自從喝了水果酵素精華後，變得更容易流汗，代謝也變得更好了。

請大家務必持續飲用水果酵素精華。只要開始飲用水果酵素精華，每天持續，就會有「身體和肌膚都變好了」的實際感受喔！

水果酵素精華

值得推薦の六大特點

親手製作水果酵素精華之後，與你分享令人開心的使用方式！

1 直接飲用具活性的酵素

親自調製水果酵素精華，藉由其每日的變化，可實際體會到酵素真實具有的活性。酵素是非常纖細的，若溫度達到48℃以上，酵素會漸漸失去功用。市售的酵素精華幾乎皆是經過加熱處理後再裝瓶，但親手自製的水果酵素精華，不需經過加熱這道手續，所以隨時隨地都能喝到充滿活性的酵素。

2 使用於各式料理中

在自然環境下發酵的酵素精華中，已經溶出了水果及蔬菜的營養素，也含有發酵食品中皆有的好菌，能調整腸內機能。不只可以水稀釋水果酵素精華飲用，也可以用於烹調各種料理。藉由這個好機會，學會更多對身體有益的料理吧！

3 親手製作隨心所欲選擇食材！

除了本書中介紹的食材之外，秋天可使用梨子，冬天則選擇柚子或水梨，利用自己喜歡的水果或當季蔬菜製作。根據材料不同，有些食材會較不易發酵（請參閱P.23）。使用材料不同，成品風味也會改變，請多嘗試各種不同的材料，找到您最喜愛的口味。

4 無添加物讓您安心&安全

每天吃下肚的食材，一定會用眼睛仔細確認後再入口對吧？水果酵素精華只使用新鮮水果及蔬菜、甜菜糖為材料，不含保存劑或防腐劑等添加物，吃起來既安心又安全。

5 不分年齡全家都適合飲用

使用基本食材製作成的水果酵素精華，是充滿水果香氣的糖漿口感，圓潤的甜味，無論小孩或老年人都能津津有味地飲用。

6 便宜的材料費低成本製作

水果酵素精華與市售的酵素精華相比，材料費便宜很多，就算家中人數較多也不會花費太大，可以輕鬆的持續進行製作。

⇒飲用水果酵素精華前的注意事項

有以下症狀人士請注意飲用量。

- 有糖尿病等疾病的人士，懷孕中、哺乳中者，請事先與主治醫師討論。
- 服藥中的人。
- 對使用材料過敏的人。
- 體質不適合食用水果酵素精華的人。

持續食用水果酵素精華的實際感受

在此列出實際飲用水果酵素精華之後，每天的實際感受，供您作為參考。

最近變得不容易感冒，總是很有精神。

每天晚上都睡得很熟，早上也能立刻清醒。

腸內環境調整好，能自然排便，感覺腹部很清爽。

血液循環變好了，手腳冰冷也改善。皮膚變得漂亮有光澤，常常被稱讚皮膚好漂亮。

因為新陳代謝變好，身體的浮腫自然地消除了。多餘的脂肪也容易燃燒，身形曲線變美麗，健康瘦下來了。

花粉症的症狀獲得緩解了。

代謝變好的同時，也能調整荷爾蒙的平衡，生理痛也減緩了。

剛開始飲用時，有段時期，異位性皮膚炎的搔癢變嚴重了，但繼續飲用後症狀即慢慢減緩，與飲用前相比，搔癢減緩許多。

身體狀況變好了，精神的集中力也增加了。

第1章 親手製作水果酵素精華

只要確實地依照步驟進行，製作水果酵素精華會出乎您想像的簡單。只需將新鮮水果及蔬菜、砂糖一同放入瓶罐中發酵即可。發酵過程中不斷冒出的氣泡，濃縮了酵素的能量，藉由親手製作的過程與觀察，能感受到酵素的活性。喝了水果酵素精華後，您將會驚喜的發現，身體由內而外變乾淨了。

製作水果酵素精華所需材料

材料（易製作的份量）

蘋果（約1½個）、奇異果（約2個）、柳橙（約2個）、胡蘿蔔（約1根）、合計1kg（剝去外皮後下）、甜菜糖（黍砂糖、白砂糖也OK）1kg

〈要準備的用品〉

乾淨的玻璃瓶（3公升以上）、廚房紙巾（或透氣性佳的布）、橡皮筋。

Point

將水果、蔬菜及砂糖的比例盡量調整為1：1。

份量如果不夠，則不容易發酵。

一次最少要製作水果、蔬菜500g、砂糖500g這樣的份量。

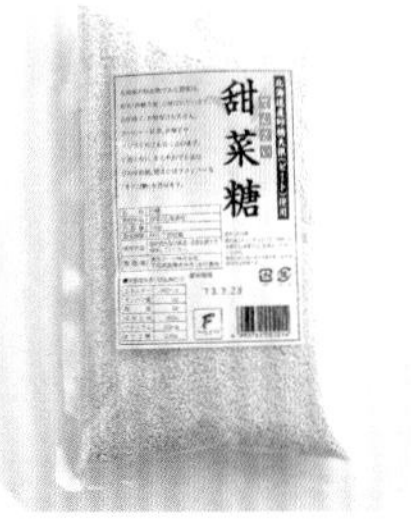

這次使用的甜菜糖顏色較淡，所以製作出來的水果酵素精華顏色呈現淡茶色。很適合用來製作顏色較白皙的生起司蛋糕（請參閱P.38），或需要呈現透明感的蕨餅風果凍（請參閱P.67）等。甜菜糖（東京食品）

水果及蔬菜

這次我們使用的蔬果為蘋果、奇異果、柳橙、胡蘿蔔。這些是一年四季都容易買到、價格也不貴的材料。當然，也可以使用您個人喜好的水果及蔬菜（請參閱P.23）。使用的蔬果種類愈多，愈能萃取到多種酵素，因此熟練作法後，請試試看各種蔬果的組合。請注意不要放入薑，否則會不易發酵。此外，苦瓜、青椒、大蒜等具有特殊氣味的蔬菜，請盡量不要使用。

製作時水果及蔬菜雖然都需要事先削皮，但仍建議盡可能使用無農藥的產品。這裡介紹的水果酵素精華，主要用於製作點心，因此材料以水果為主，水果及蔬菜的比例可隨個人喜好自由調整的。

甜菜糖

甜菜糖是萃取自甜菜（又名菾菜、紅菜頭）的根部所製成的砂糖。甜菜糖中富含鈣及鉀等天然礦物質，也含有大量能促進腸道蠕動的天然寡糖。圓潤的風味及溫和的甜味，適合用來製作各種料理。

水果酵素精華完成時的色澤，會根據所使用的甜菜糖廠牌不同，而有所差異。除了甜菜糖之外，也可以使用黍砂糖或白砂糖。白砂糖非常容易發酵（不需擔心白砂糖的壞處，請參閱P.23）黑糖不利於發酵，不建議使用。

水果酵素精華製作方法

1

將材料切丁

將水果、蔬菜徹底洗淨、削皮後，切成厚約7mm的塊狀。

Point 蘋果與胡蘿蔔洗淨後可不必削皮。蘋果連芯一同加入也OK。

2

將水果及蔬菜放入玻璃瓶中

將手洗乾淨擦乾，將¼量的水果及蔬菜放入瓶中。

3

將甜菜糖舀入玻璃瓶中

以勺子將¼量的甜菜糖舀入瓶中。

4

將所有內容物以手攪拌均勻

以手仔細攪拌，讓甜菜糖完全附著於水果及蔬菜上。

Point 務必以手攪拌。經由手的攪拌，手上的正常菌能促進蔬果發酵。

5

重複2至4的步驟

重複**2**至**4**的步驟約三次左右。

6

最後加入甜菜糖

最後倒入甜菜糖，將蔬果完全覆蓋。

裝填完成

在玻璃瓶口覆蓋上廚房紙巾（或透氣性佳的布）並以橡皮筋捆緊。發酵的過程中會產生發酵氣體，因此絕對不能加以密封。請避免陽光直射，放置於室溫20℃至25℃、有人走動的地方。

發酵過程

第一天

裝填完成幾個小時後，甜菜糖會開始融化。剛裝填好的前幾天，甜菜糖會積在瓶底，因此每天必須一到兩次，仔細搖晃瓶身將其混勻。

第四天

此時甜菜糖已經完全溶解。即使甜菜糖完全溶解，每天還是要必須一至兩次，將內容物仔細搖勻。待蔬果的水分開始滲出變軟，就可以看到瓶內開始冒出細小的泡沫。

第十天

依室溫及環境而有些微差異，但經過約一至兩週的發酵、攪拌後，細微的泡沫會像啤酒一樣「嗶」的冒出來。第一次看到這種情況時會感到很驚訝，其實這就是發酵完成的程度。

發酵過程中的照料方式

一天記得攪拌一至兩次

待甜菜糖溶解後，一天請攪拌一至兩次。瓶底部分較不容易攪拌，請以勺子攪拌。如果發酵前沒有每天攪拌，有可能會發霉。

完成

以篩網過篩

待泡沫嗶嗶地冒出來之後，以勺子將酵素精華舀起，慢慢地倒入篩網來過篩。請不要以勺子去壓篩網，自然地倒入即可。

Point

如果不喜歡水果中細細的纖維，則建議以更細的紗布進行過濾。

終於完成了水果酵素精華＆酵素水果。現在介紹基本享用方式。

水果酵素精華＆酵素水果享用方式

水果酵素精華製作完成之後，首先請簡單的以水稀釋後飲用。酵素水果則可搭配優格食用。

將已過濾好的水果酵素精華，倒入乾淨的玻璃瓶中，保存在陰涼處（請參閱P.23）。過濾後的酵素水果也別丟掉，請將酵素水果放入保存容器後冷藏保存（請參閱P.23）。

當您下次要製作時，請將本次作好的水果酵素精華倒入60至100ml，可增快其發酵速度。

水果酵素精華

酵素水果

以水稀釋水果酵素精華後飲用

水果酵素飲

以五至六倍的常溫水，或常溫的碳酸水（使用冰水會導致酵素的作用減弱）稀釋水果酵素精華後飲用。大約的份量是一杯水（180ml），加入兩大匙的水果酵素精華，如果是小孩飲用，則是加入一小匙左右。雖然飲用水果酵素精華並無特殊時間限制，但由於酵素能促進消化，因此推薦於飯前飲用。我的喝法是早餐前飲用一次（或早餐・晚餐前各一次）。

將酵素水果與優格一起食用

水果優格

酵素水果與市售的糖漬水果比起來，甜味更加溫和。搭配優格食用，既健康又美味。如果冷藏五天內未食用完畢，請放入冷凍庫保存（請參閱P.23）。

第2章 如何以水果酵素精華製作美味料理？

喝過了以水稀釋後的水果酵素精華，感覺如何呢？大多數人第一次喝時，都會驚呼——「哇！真好喝！」顛覆了以往對於發酵食物「對身體有益但卻不好吃」的既定印象。

水果酵素精華並不只是可以用來喝而已。本身是液狀，不須再特別溶解，使用上也很方便，且其溫和的甜味很適合用於各式各樣的料理。酵素遇熱會降低其活性，因此建議使用於不須加熱的料理。即使經過加熱，無法攝取到酵素成分，但因發酵過程中蔗糖（造成蛀牙或產生壞菌的原因）已轉換成了葡萄糖，因此仍是非常健康的甜味來源。建議多多攝取酵素，就能迎接健康的飲食生活。

添加水果酵素精華於每天的料理中吧！

idea-1 ｜加入沾麵醬中｜

將水果酵素精華加入於市售的沾麵醬中。水果酵素精華的水果香甜滋味，與沾麵醬非常對味。請沾著蕎麥麵、烏龍麵或冷豆腐一起享用。

沾麵醬

作法（1人份）

將½杯沾麵醬（市售品・未稀釋）倒入於容器中，加入1小匙水果酵素精華，攪拌均勻後灑上白芝麻即完成。

idea-2 ｜加入沙拉醬汁中｜

水果酵素精華很適合加入沙拉醬汁。可以充分攝取到不足的蔬菜量，吃起來又美味。水果酵素精華＋維生素的力量，可提升免疫力，又能美化肌膚。

以湯匙食用的番茄沙拉

作法（1人份）

1…將番茄2顆、小黃瓜½根洗淨後切成小塊，洋蔥¼顆洗淨後切細丁。

2…檸檬汁½顆分、水果酵素精華2小匙、特級橄欖油1小匙、天然鹽、粗粒黑胡椒各少許，全部混合均勻製作成醬汁。

3…將步驟**2**與步驟**1**材料混合、攪拌均勻即完成。

idea-3 加入泡菜中

在泡菜的汁液中加入水果酵素精華，會產生圓潤且恰到好處的微酸。蘋果醋及水果酵素精華的力量消除夏日裡的精神疲勞是最恰好不過的。製作好的二至四天後正是最好吃的時候。

蔬菜泡菜

作法（易製作的份量）

1…小黃瓜½根、胡蘿蔔¼根、紅椒⅓個、紫洋蔥¼、大蒜1瓣，全部洗淨後全切成條狀，放入乾淨的玻璃瓶（或保存容器）中。

2…在鍋中放入蘋果醋及水各½杯、天然鹽2小匙、黑胡椒（整粒）6粒後煮沸後熄火。靜置冷卻後加入水果酵素精華1大匙。

3…將步驟**2**倒入步驟**1**材料中，蓋上蓋子放入冰箱冷藏一晚即完成。

idea-4 加入淺漬泡菜

利用水果酵素精華的圓潤甜味及檸檬汁的香氣，完成清爽口味的淺漬泡菜。蔬菜會滲出水份，漬汁少一些也無妨，製作所花費時間短，隨手製作即可簡單完成。

高麗菜&胡蘿蔔的淺漬泡菜

作法（易製作的份量）

1…高麗菜¼顆切細、洋蔥½顆切薄片、胡蘿蔔½根切細。

2…將檸檬汁、水果酵素精華各1½大匙、天然鹽2小匙混勻後、加入步驟**1**中醃漬**2**小時即完成。

水果酵素精華

能軟化肉質，更能去除魚肉的腥味。

水果酵素精華的酵素能量，能將食材中所含的蛋白質分解為氨基酸，讓肉&魚的美味再提升。

同時具有讓肉質變得更軟、消除魚腥味等效果，在醃肉的階段放入水果酵素精華，暫置一陣子後再行調理，能使料理更臻美味。

idea-5 ｜讓青背魚變得更好吃｜

水果酵素精華能消除青背魚特有的氣味。在生蛋黃拌竹筴魚的醬汁中加入水果酵素精華一起享用，相同的醬汁也能用來沾吻仔魚或秋刀魚，吃起來也非常美味。

生蛋黃拌竹筴魚

作法（2人份）

1…在大碗中放入製作醬汁的材料（醬油2小匙、韓國辣味噌、水果酵素精華、麻油各1小匙），攪拌均勻。

2….在步驟1中放入竹筴魚生魚片兩盒（約120g）後拌勻。

3…在盤中鋪上適量的拔葉萵苣、豆苗，將步驟**2**盛起後灑入少許白芝麻。於盤緣擺上1顆鵪鶉蛋即完成。

idea-6 加入沾麵醬

藉由酵素的力量能使肉質變得柔軟又多汁。可以直接烤熟，也可以沾上麵衣後油炸，炸出外酥脆內柔嫩的炸雞。即使冷了也好吃，可當作便當的配菜。

炸雞塊

作法（2人份）

1…雞腿肉1片（約300g），撒上一小搓天然鹽後，靜置30分鐘。再以廚房紙巾將多餘的水分拭乾。

2…在大碗中放入醃醬的材料（1瓣的蒜頭切片、水果酵素精華、酒、醬油各2大匙、天然鹽少許、粗粒黑胡椒½小匙）後混勻。

3…將步驟1加入步驟2材料中，以手輕輕按摩後放入冰箱冷藏，醃漬2小時以上。

4…在大碗中放入炸麵衣的材料（蛋黃1個、太白粉5大匙、酒2大匙、粗粒黑胡椒½小匙），以打蛋器混勻成麵糊。將步驟3材料瀝乾水分，裹滿麵糊。

5…將步驟4材料放入已預熱160℃至170℃油溫的炸油油鍋中，油炸約4分鐘後，取出放置4分鐘後，以高溫（180℃）再炸一次，使麵衣呈現酥脆感。

idea-7 作為豬肉的醃醬

請以水果酵素精華充分醃漬豬肉後再烤熟。吃起來濕潤美味的口感必定和以往不同。本篇要介紹的醃醬內除了加入酵素之外，也放入酵素水果及咖哩粉，製作成充滿水果香氣的坦都里烤豬排。將豬肉替換成雞肉則變身為坦都里烤雞也OK。

坦都里烤豬排

作法（2人份）

1…豬肩肉250g切成厚1.5cm，淋上水果酵素精華2大匙、天然鹽、粗粒黑胡椒各少許後輕輕按摩。

2…在容器中放入醃醬材料（蒜泥、薑泥各一瓣的份量，無糖優格100g、酵素水果90g、咖哩粉1大匙、番茄醬1小匙）後混合均勻，倒入材料1後靜置一晚。

3…在烤盤上鋪上烘焙紙，排入步驟2材料，放入以預熱至230℃烤箱中，烘烤約15至20分鐘，烤至肉內部熟透外部香脆（也可放入平底鍋煎）。

以水果酵素精華取代味醂

風味絕佳的水果酵素精華可以取代味醂，只要在燉煮或烘烤料理時，以水果酵素精華取代味醂加入即可。水果風味能讓平凡的燉煮菜餚或烘烤菜色變化成具有深度的口味，因此可作為常備調味料，使用於各式各樣的料理上。

idea-8 呈現閃亮的照燒光澤

照燒或醬燒料理都不能缺少味醂的增色效果，其實以水果酵素精華也能使料理呈現出閃亮的光澤感。

照燒鰤魚

作法（2人份）

1…在切片鰤魚上灑上少許天然鹽，靜置30分鐘後以廚房紙巾拭乾多餘的水分。將醬汁的材料（水果酵素精華、醬油、酒各1大匙）混合均勻。

2…在鰤魚上灑上低筋麵粉1大匙，放入已倒入1大匙沙拉油的平底鍋上，以中火將魚的兩面各煎1分半。

3…先熄火，倒入醬汁。再次開火，輕輕地搖動平底鍋讓醬汁包覆在魚肉上。

Point 將醬汁倒入鍋中之前，先拭去鍋中多餘的油脂，能去除魚腥味。

idea-9

可拌飯的小菜

醬油或味噌等調味料其實與水果酵素精華的味道很搭，所以製作家中常備小菜時也不能讓它缺席。這裡介紹滑菇、吻仔魚青椒、海苔佃煮、胡桃味噌等四種搭配白飯用的常備小菜。

滑菇

作法（易製作的份量）

1…金針菇2盒（400g）去除根部後，切成兩段。

2…在鍋中放入酒3大匙、醬油2½大匙、水果酵素精華1大匙，以小火煮沸後加入步驟**1**材料，一邊攪拌一邊以中小火煮至湯汁收乾。

3…在步驟**2**上放入切細的柚子皮後熄火。

Point　這一道煮物能呈現出金針菇的美味，冷藏可保存一週左右。

吻仔魚青椒

以水果酵素精華調和青椒的微苦。

作法（易製作的份量）

1…將青椒5個洗淨切半後去除種子及蒂，切成寬7mm的細絲。將麻油1大匙倒入鍋中，再放入青椒及吻仔魚乾20g，快速拌炒。

2…在步驟1中倒入水果酵素精華、醬油各1大匙，轉中小火拌炒至水分稍微收乾。倒入5g白芝麻後熄火即完成。

海苔佃煮

加現磨的山葵、梅干及小塊煎餅，作成茶漬飯也十分美味。

作法（易製作的份量）

在鍋中放入以手撕開的海苔（大片）五片、水170ml、醬油40ml、水果酵素精華2大匙，一邊攪拌一邊以中小火煮至湯汁收乾。灑上山椒½小匙即完成。

Point　如果不加山椒也 OK。

胡桃味噌

除了豆腐外，塗在蒟蒻或燉白蘿蔔上也非常好吃。

作法（2人份）

1…木棉豆腐一盒，瀝乾水分後縱切成6等分，以竹籤串起豆腐。將胡桃15g烘烤後，以菜刀切碎。

2…將紅味噌、水果酵素精華各2大匙，及酒1大匙放入鍋中，轉中小火煮3至4分鐘，再倒入切碎的胡桃。

3…將步驟**1**材料以烤麵包機烤出顏色，塗上步驟**2**醬料即完成。

Point　可多製作一些胡桃味噌，放入密封容器冷藏保存，相當便利。

酵素水果碎粒

讓料理的美味加分

製作水果酵素精華時的副產物就是酵素水果。想要讓料理增添水果風味，或想展現水果的果粒口感時，請將酵素水果切碎後使用，與冰淇淋或玉米穀片混合，或加入塔塔醬，不只可製作點心也可製作料理。富含寡糖的甜菜糖能幫助調整腸內環境。

酵素水果碎粒

作法

將瀝乾的酵素水果切碎。放入保存容器後可放入冰箱冷藏五天，或冷凍保存，請於兩個月內食用完畢。

idea-10 製作派餅的餡料

只需以烤箱即可完成，熱呼呼的酵素水果口感非常美味。

番薯派

將酵素水果及番薯以春捲皮包裹起來。

作法（10份）

1…準備番薯2條，去皮，切成一口大小後以微波爐加熱4至5分鐘使番薯軟化。以湯匙將軟化的番薯壓碎，加入牛奶60ml，再加入酵素水果碎粒100g，拌勻。

2…將步驟1材料以春捲皮捲成細長條狀，製作10份，再以麵粉水將封口黏起。

3…將烘焙紙鋪於烤盤上，排上步驟2食材，並以融化的奶油4大匙，均勻塗抹於步驟2成品上。放入已預熱至180℃烤箱中，烘烤約20分鐘，將表面烤至焦糖色即可。

idea-11 冷凍後食用

冷凍後的酵素水果讓甜點口感更佳

冰淇淋&餅乾三明治

可以將香草冰淇淋替換成任何您喜愛的冰淇淋種類。

作法（4個份）

1…將酵素水果碎粒50g與君度橙酒1小匙混勻。

2…在步驟1材料放上香草冰淇淋120g、巧克力片30g後混合均勻，再以2片市售餅乾夾起冰淇淋，製作4份後，以保鮮膜包覆後放入冷凍庫。

Point 如果是要給小孩食用，可不加入君度橙酒。

idea-12 與玉米穀片混合

食物纖維豐富的玉米穀片與含有寡糖的酵素水果碎粒，能一起幫助調整腸內環境。

水果玉米穀片

加入新鮮水果維生素加倍。

作法（1人份）

在容器中，放入喜歡的玉米穀片40g，酵素水果碎粒50g，½根香蕉的切片，再淋上1杯牛奶即完成。

idea-13 | 加入塔塔醬中 |

加入酵素水果碎粒、充滿水果香氣的塔塔醬，連小朋友們也很喜歡。將這款塔塔醬淋在炸蝦上也非常好吃喔！

酪梨煙燻鮭魚三明治

作法（2人份）

1…在大碗中放入塔塔醬的製作材料（切碎的水煮蛋一個、切碎的洋蔥2大匙、酵素水果碎粒2大匙、美奶滋50g、檸檬汁1小匙、天然鹽及粗粒黑胡椒各少許），仔細攪拌均勻。

2…準備兩塊長13cm的法國麵包，對半橫切。在每塊麵包上夾入生菜各1片、番茄薄片各2片、適量的紫洋蔥薄片及酪梨薄片、煙燻鮭魚各2至3片（25g），再擺上一半份量的步驟**1**塔塔醬後，以法國麵包夾起，即完成。

idea-14 | 加入沙拉中 |

在常吃的馬鈴薯沙拉裡加入酵素水果。食材只有簡單的酵素水果、馬鈴薯、小黃瓜而已。美乃滋與酵素水果的組合非常協調。

馬鈴薯沙拉

作法（2人份）

1…將一顆馬鈴薯洗淨後去皮，切成寬1cm的小丁後浸一下水，取出後接著放入耐熱器皿，包覆保鮮膜後以微波爐加熱4分鐘。將小黃瓜¼根切成圓片。。

2…在大碗中放入酵素水果碎粒2大匙、美奶滋2大匙、粗粒黑胡椒少許，攪拌均勻後，加入步驟**1**材料拌勻，即完成。

以酵素水果泥也能代替果醬

如果您喜歡每天早晨，在麵包上塗一層厚厚的果醬，那麼將酵素水果打成泥狀，作成的酵素水果泥能用來取代果醬，也可用來作點心。

未經加熱的酵素水果泥充滿了酵素，而且因為經過發酵，砂糖中的蔗糖轉化成了葡萄糖，和一般的果醬不同。這樣健康的食品更建議您每天都食用。

酵素水果泥

作法

以食物攪拌機將酵素水果攪拌成泥狀。如果是要用來作點心，需要更滑順的口感時，可再以篩網過濾更細緻。

idea-15 代替果醬

單純想品嘗酵素水果泥的風味，沾麵包吃是最恰當的。對身體好的溫和甜味每天吃也能安心，放在起司或薄脆餅乾上也很對味。

idea-16 代替甜酸醬

吃咖哩時可以酵素水果泥代替印度甜酸醬。在最後完成時加入少量的酵素水果泥也ＯＫ。作出來的咖哩風味圓潤，孩子也容易食用。

idea-17 拌入沙拉中

酵素與生菜一起食用，營養價值更提升。

胡蘿蔔涼拌沙拉

可吃到大量的胡蘿蔔，這道是法式家常小菜的固定班底。

作法（易製作的份量）

1…胡蘿蔔一根洗淨削皮後，以刨絲器刨絲。

2…在大碗中倒入製作淋醬的材料（酵素水果泥2小匙、蘋果醋2大匙、特級初榨橄欖油及檸檬汁各1小匙、天然鹽½小匙、粗粒黑胡椒各少許）、混合均勻。

3…在步驟2淋醬中放入步驟**1**材料、葡萄乾20g（不放也可以）後仔細拌勻，放入冰箱冷藏2小時以上。

Point 也可以加入起司或烤過的胡桃食用。

水果酵素精華Q&A

Q 除了基本的材料之外還有哪些材料適合製作水果酵素精華呢？

A 水果中適合製作的有梨子、柿子、鳳梨、葡萄、柚子、水梨、橘子、檸檬、葡萄柚、草莓等。蔬菜則推薦西洋芹、甜椒、白蘿蔔、櫛瓜、高麗菜等。請參閱P.9至P.11的水果酵素精華製作方式製作。

Q 加入了這麼多砂糖沒問題嗎？

A 砂糖中所含的蔗糖，是造成蛀牙及產生壞菌的原因。製作水果酵素精華時所使用的砂糖，其中所含的蔗糖會在發酵的過程中分解成為葡萄糖。葡萄糖不會對胃造成負擔，能在短時間內被身體吸收、轉換成身體及腦所需的能源，是很溫和的糖類。

Q 發酵時不太順利怎麼辦呢？

A 是否仔細地秤量所使用的蔬果量呢？水果&蔬菜：砂糖的比例請設定為1：1，有沒有放在室溫較低的場所呢？請放置在室溫約20℃至25℃的地方比較容易發酵。若放入了薑會使發酵比較困難。

Q 發酵狀況還順利嗎？該如何以肉眼判斷呢？

A 如果發出了阿摩尼亞的臭味、表面起了白色薄膜、或發霉了，那麼請立刻丟掉，絕對不可以飲用。如果發酵順利會有酒類的香氣，這就表示發酵很成功。

Q 請詳細告訴我水果酵素精華與酵素水果的正確保存方式。

A 將水果酵素精華放入玻璃瓶後，以廚房紙巾（或透氣性佳的布）覆蓋住並用橡皮筋綁好，避開陽光直射及高溫潮濕的環境，進行保存。如果暫時不打算飲用，請放在陰涼的場所（或冰箱），定時晃動瓶身即可。如果是每天都要喝，水果酵素精華的瓶子可以放在廚房或客廳，如果保存方式恰當，可以在陰涼場所（或冰箱）存放長達半年左右。

上圖是經常飲用，時常搖晃瓶身，在陰涼場所保存五個月的水果酵素精華。味道就如利口酒，如果味道已經變成如利口酒一般，請避免讓小孩飲用。

酵素水果（含酵素水果碎粒、酵素水果泥）則放入保存容器，存放冰箱可保存五天。如果五天內無法食用完畢，可以放入冷凍庫保存，並請在兩個月內吃完。

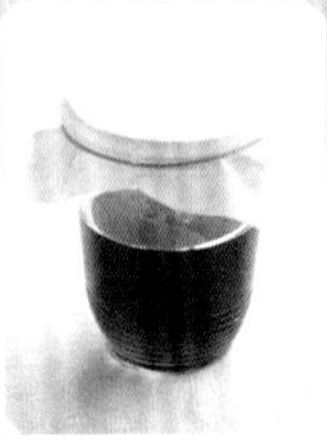

第3章 以具有活性的水果酵素精華作點心

具有溫和甜味的水果酵素精華非常適合用來製作甜點。
為了不使水果酵素精華的效果因加熱而受到破壞，本篇介紹是不需加熱的甜點。

先試試最簡單的水果酵素精華飲料吧！

— 飲料 —

一杯中含有豐富的胡蘿蔔素，最適合忙碌的早晨。

早安蔬果飲

能創造出美麗肌膚，可以攝取到滿滿維生素C的美容果汁。

維生素充電飲

b　維生素充電飲

材料（易製作的份量）

番茄	2顆
葡萄柚	½顆
水果酵素精華	1至2大匙

作法

1…將洗淨的番茄及去皮的葡萄柚切成適當大小，以果汁機打成汁。
2…將步驟**1**果汁倒入玻璃杯，加入水果酵素精華後攪拌混合即完成。

a　早安蔬果飲

材料（易製作的份量）

胡蘿蔔	1根
蘋果	½顆
甜椒	½顆
水果酵素精華	1大匙

作法

1…將蔬菜及水果切成適當的大小，以果汁機打成汁。
2…將步驟**1**果汁倒入玻璃杯，加入水果酵素精華後攪拌混合即完成。

鮮薑薄荷水

加入薄荷與薑，即為排毒效果很棒的飲料。
冰涼後再加入水果酵素精華，
能完整攝取到酵素的活性。

柳橙＆蘋果醋飲

疲勞時或食欲不佳時都適合飲用，
水果酵素精華淡化了蘋果醋的嗆味。

香瓜果汁

西瓜能補充滿滿的鉀，
能消除浮腫，更有預防中暑的功效。

e 香瓜果汁

材料（易製作的份量）

西瓜	150g
香瓜	150g
水果酵素精華	2大匙

作法

1…西瓜及香瓜去皮，去掉種子後切成適當大小，以果汁機打成汁。

2…將步驟**1**果汁倒入玻璃杯，加入水果酵素精華後攪拌均勻。

d 柳橙＆蘋果醋飲

材料（易製作的份量）

A

柳橙汁	½個份
蘋果醋	2大匙
水果酵素精華	2大匙

氣泡水	130ml

作法

在玻璃杯中放入A料後攪拌均勻，倒入氣泡水。

c 鮮薑薄荷水

材料（易製作的份量）

新鮮薄荷	10g
薑（切薄片）	5g
熱水	¾杯

A

水果酵素精華	1大匙
檸檬汁	1小匙

作法

1…在茶壺中放入新鮮薄荷及薑，倒入熱水，放置5分鐘左右。

2…冷卻後加入A料後攪拌均勻。

酪梨雪克

大量使用酪梨，營養滿分。加入水果酵素精華，使酪梨的澀味變得更為圓潤。

草莓牛奶果奶昔

草莓&牛奶的絕佳組合。加入水果酵素精華，更添美味。

奇異果奶昔

奇異果所含有的豐富食物纖維，能調整腸內環境，排毒效果絕佳。

c　奇異果奶昔

材料（易製作的份量）

奇異果	1個
A	
牛奶	¾杯
優格（無糖）	2大匙
水果酵素精華	2大匙

作法

1…將奇異果去皮，切成厚度1cm的小丁後放入冰箱冷凍。

2…將步驟**1**材料及A料放入果汁機打匀後，倒入玻璃杯。

b　草莓牛奶果奶昔

材料（易製作的份量）

草莓	6粒
A	
牛奶	¾杯
水果酵素精華	2大匙

作法

1…將草莓洗淨去蒂，切成四等分後放入冰箱冷凍。

2…將步驟**1**及A料放入果汁機打匀後，倒入玻璃杯。

a　酪梨雪克

材料（易製作的份量）

酪梨	1個
A	
牛奶	¾杯
水果酵素精華	4大匙
檸檬汁	少許

作法

將去除了皮及種子，及切成適當大小的酪梨及A料、冰塊3個放入果汁機打匀後，倒入玻璃杯。

黑芝麻黃豆粉豆漿

攝取豐富的大豆營養，
作為早餐的飲品最棒了！

抹茶豆漿

豆漿與抹茶味道非常合。
作得稍微甜些，
變得更容易入口了。

e 抹茶豆漿

材料（易製作的份量）

豆漿	180ml
抹茶	½小匙
水果酵素精華	2大匙

作法

將全部材料放入果汁機打勻後，倒入玻璃杯。

d 黑芝麻黃豆粉豆漿

材料（易製作的份量）

A

豆漿	180ml
水果酵素精華	2大匙
黑芝麻粉	1大匙

黃豆粉	1小匙

作法

1…將A料放入果汁機打勻。
2…將步驟**1**果汁倒入玻璃杯，撒上黃豆粉即完成。

具有活性的水果酵素精華也可以用來製作點心。
本篇主要介紹製作時間超短、簡單就能作好的清涼點心，
也介紹了需稍微花點時間的蛋糕＆點心。

一 西式點心 一

水果丁沙拉

酸味較強的水果加上了水果酵素精華後，酸味變得更圓潤更容易入口。再添加檸檬，可使味道更有層次。

材料（易製作的份量）

A

檸檬汁	¼個份
白酒	½杯
水果酵素精華	½杯
蘋果（切薄片）	1顆份
奇異果（片狀）	1顆份
柳橙（果汁）	1顆份
草莓（切半）	8粒
薄荷葉（裝飾用）	適量

作法

1…在大碗中放入A料後混勻，再加入所有的水果一起攪拌。覆蓋上保鮮膜後放入冰箱，冷藏醃漬約3小時。

2…將步驟**1**材料取出放入容器，再依喜好放上薄荷葉裝飾。

椰奶果凍＋水果球

將水果酵素精華與水以一比二比例製作糖漿。

材料（直徑5 ×高4cm布丁模型・6個份）

A

椰漿（粉末	45g
牛奶	3杯
水果酵素精華	¼杯

B

水	1杯
水果酵素精華	½杯
吉利T	12g
奇異果	2個
木瓜	1個
西瓜（小）	½個

〈前置準備〉

・以適量的水將吉利T溶解。

・將水果挖成球狀。

作法

1…在鍋中放入A料，稍微煮沸後熄火，蓋上蓋子燜10分鐘。加入事先溶解的吉利T後，以橡膠刮刀攪拌均勻，過篩。

2…將步驟**1**材料倒入模型，放入冰箱冷藏定型。

3…在大碗內放入B料，攪拌均勻作成糖漿。

4…將果凍從模型取出盛至容器內，再放上挖成圓形的水果，淋上步驟**3**的糖漿。

芒果珍珠

加入水果酵素精華的椰奶，濃郁香醇又不膩口。也可以任何您喜愛的水果代替芒果。

材料（2人份）

珍珠	20g
A	
椰奶	½杯
牛奶	½杯
水果酵素精華	3大匙
芒果（切成適口大小）	1個

作法

1…在沸騰的鍋中放入珍珠，一邊煮一邊攪拌避免珍珠相黏在一起，依包裝上註明的時間煮熟。珍珠煮好後放於篩網中沖冷水。

2…將A料放入小鍋，一邊攪拌一邊加熱。熄火後靜置冷卻，再倒入水果酵素精華。

3…將步驟**1**材料放入容器中，盛入芒果，倒入步驟**2**材料後即完成。

草莓牛奶雪泥

充分呈現出草莓酸甜魅力的美味雪泥，加入水果酵素精華，口感變得更有深度。

材料（易製作的份量）

草莓（5粒・切細）	150g
牛奶	¾杯
水果酵素精華	40ml
君度橙酒	½小匙

作法

1…將除了切細的草莓5粒之外的全部材料，倒入果汁機攪拌。

2…將步驟**1**材料倒入鐵盤，加入切細的草莓後，放入冷凍庫。

3…當步驟**2**材料的四周開始冰凍變硬之後，取出鐵盤，以叉子攪拌，讓其中含有空氣。重複2至3次讓冰塊成為泥狀。

水果冰凍優格

在原味優格中加入一點鮮奶油，作成具有圓潤酸味的冰凍優格。加入濃縮水果美味的酵素水果泥就更好吃了。

材料（易製作的份量）

優格	300g
A	
酵素水果泥	200g
君度橙酒	1小匙
鮮奶油	½杯

〈前置準備〉

・先將優格倒入鋪有廚房紙巾的濾網上，放置1小時將水分瀝乾。

作法

1…將A料倒入瀝乾水分的優格，以打蛋器充分攪拌均勻。

2…將鮮奶油倒入放有冰水的大碗，以手持式攪拌器（或打蛋器）打至舀起時呈現濃稠狀緩緩流下的狀態。

3…將步驟**2**材料加入步驟**1**材料中攪拌均勻，倒入鐵盤中後放入冷凍庫。

4…當步驟**3**材料的四周開始冰凍變硬之後，取出鐵盤，以打蛋器攪拌，讓其中含有空氣。重複2至3次後放入冷凍庫使其結凍。

木瓜刨冰

新鮮木瓜&充滿水果香氣的水果酵素精華是絕妙組合，
也可以將木瓜替換成草莓、奇異果或芒果。

材料（易製作的份量）

A

木瓜	150g（約½個）
水果酵素精華	¼杯
檸檬汁	½小匙
刨冰	適量

作法

1…將A料放入果汁機攪拌，攪成果泥狀。
2…將步驟**1**果泥淋在刨冰上即完成。

葡萄柚凍

能充分享受葡萄柚的微酸與甜味的一道甜品，清爽的餘味，最適合作為餐後清除口腔氣味的甜點，水果酵素精華的用量則請依個人喜好調整。

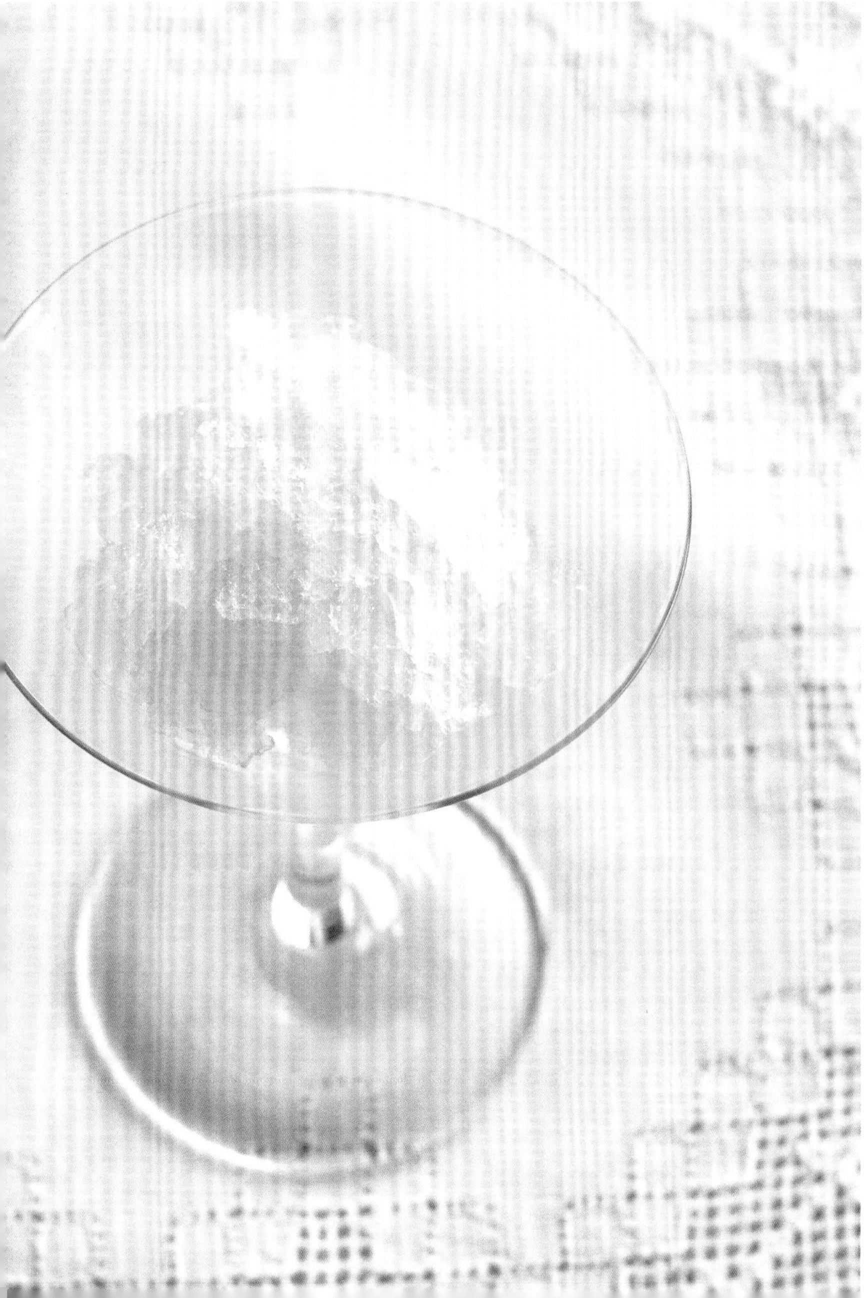

材料（易製作的份量）

葡萄柚果汁	2杯（約2個份）
水果酵素精華	½杯
檸檬汁	少許

作法

1…將所有材料放入大碗中攪拌均勻。

2…將步驟**1**材料倒至鐵盤，放入冷凍庫冷凍。

3…當步驟**2**材料的四周開始冰凍變硬之後，取出鐵盤，以叉子予以攪拌，讓其中含有空氣，重複2至3次讓冰塊成為泥狀。

法國吐司×柳橙醬汁

將法式長棍麵包以蛋液浸泡一整晚，
讓麵包吸滿蛋液，是這一道點心的製作重點，
搭配喜歡的水果&水果酵素精華作成的醬汁也非常美味。

材料（4人份）

雞蛋	3個
A	
牛奶	230ml
水果酵素精華	2大匙
香草精	少許
法式長棍麵包（切成厚4cm）	4片
奶油（無鹽）	10g
B	
柳橙果汁	60ml
水果酵素精華	60ml
柳橙（裝飾用）	適量
薄荷葉（裝飾用）	適量

作法

1…將蛋打入大碗中，拌勻後加入A料，再以打蛋器仔細攪拌均勻、過篩。

2…將法式長棍麵包以步驟**1**蛋液浸泡，包覆上保鮮膜、放入冰箱靜置一晚，讓蛋液充分浸潤麵包。

3…以小火預熱平底鍋，放入奶油融化後排上步驟**2**麵包，以小火慢慢將兩面煎20分鐘。

4…在步驟**3**麵包煎好之前，將材料B混合均勻作成柳橙醬汁。

5…在盤中放上步驟**3**麵包及小瓣的柳橙裝飾，淋上步驟**4**醬汁，再放上薄荷葉點綴即完成。

鬆鬆軟軟的煎餅

放入大量的酵素水果碎粒，享受特殊口感的鬆餅。
一次多煎幾片，剩下的以保鮮膜包起來放入冷凍庫保存，
要吃的時候以微波爐解凍即可。

材料（直徑8cm鬆餅・9片份）

優格（無糖）	250g
牛奶	90ml
雞蛋	2個
A	
低筋麵	120g
泡打粉	½小匙
酵素水果碎粒	200g
奶油（無鹽）	適量
水果酵素精華	適量
酵素水果泥	適量

〈前置準備〉
・先將優格倒於鋪有廚房紙巾的濾網上，放置一晚將水瀝乾。
・將A料混合、過篩。
・將牛奶、雞蛋、奶油於室溫下回溫。
・將雞蛋的蛋白及蛋黃分開。

作法

1…在大碗中放入已事先瀝去水分的優格、牛奶、蛋黃等，以打蛋器攪拌均勻。

2…將A的粉類材料一點一點的加入步驟**1**材料中，以打蛋器攪拌均勻。

3…在另一個大碗中放入蛋白，以手持式攪拌器（或打蛋器）打成蛋白霜狀。加入步驟**2**材料後以橡膠刮刀仔細混合均勻，再加入酵素水果碎粒，輕輕攪拌均勻。

4…以中火將平底鍋預熱，熱鍋後先將平底鍋離火，利用廚房紙巾在鍋面塗上薄薄一層油，將步驟**3**材料倒入鍋中使其流成圓形，再以中小火，蓋上鍋蓋烤約3分鐘使其烤至金黃色。麵糊上面開始冒出小洞後即翻面，再烤約2分鐘。

5…將步驟**4**煎餅放至盤中，淋上水果酵素精華或酵素水果泥後享用。

生起司蛋糕

優格製作的健康起司蛋糕。
以水果酵素精華取代砂糖，製作容易，
也能降低優格的酸味。

材料（直徑18cm圓形蛋糕模・1個份）

〔餅乾派皮部分〕

全麥餅乾	80g
奶油（無鹽）	50g

〔起司蛋糕體部分〕

奶油起司	200g
水果酵素精華	90ml
優格（無糖）	250g
吉利T	8g
白酒	3大匙
A	
柳橙汁	2大匙
君度橙酒	1小匙
鮮奶油	1杯
草莓（裝飾用）	適量
藍莓（裝飾用）	適量
覆盆莓（裝飾用）	適量

〈前置準備〉

- 先將優格倒於鋪有廚房紙巾的濾網上，放置2小時將水分瀝乾。
- 奶油及奶油起司於室溫下回溫。
- 將蠟紙鋪在蛋糕模中。
- 將吉利T與白酒混合後再溶解。

作法

1…先製作餅乾派皮。將全麥餅乾放入塑膠袋中，以擀麵棍隔著袋子將餅乾敲碎。

2…將步驟**1**材料及溶成霜狀的奶油混合於大碗內，平鋪在蛋糕模底部，再以玻璃杯底壓緊派皮（a），放入冰箱冷藏。

3…製作起司蛋糕體的部分。取另一個大碗中放入奶油起司，以打蛋器攪拌成柔滑的狀態，逐次加入少許水果酵素精華。再加進瀝乾水分的優格，以打蛋器攪拌均勻。

4…將事先溶解的吉利T及白酒隔水加熱溶化後，加入步驟**3**中混合均勻。

5…在步驟**4**材料中加入A料、生奶油（打發至舀起後會迅速往下流的程度），再以打蛋器仔細攪拌均勻。

6…將步驟**2**材料從冰箱取出，將步驟**5**材料倒入蛋糕模中，以刮板將表面刮平（b）。放入冰箱冷藏5小時以上使其凝固。

7…將步驟**6**脫模，中央放上草莓、藍莓、覆盆莓作裝飾。

a

b

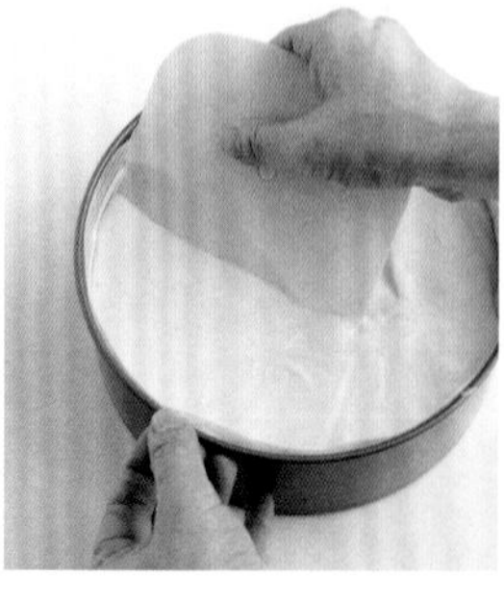

提拉米蘇

大量的馬斯卡邦乳酪，呈現出具有深度的美味魅力，
加入水果酵素精華製作的原創咖啡糖漿，
微苦中又帶有水果的香甜風味。

材料（13 ×18 ×高5cm容器・1個份）

A

蛋黃	2個
水果酵素精華	70ml
白酒	1大匙
鮮奶油	½杯
馬斯卡邦乳酪	200g
手指餅乾	12根

B

咖啡（較濃）	1杯
水果酵素精華	60ml
咖啡利口酒	2大匙
可可粉（無糖）	適量

〈前置準備〉

・將B料放入大碗中混勻，製作咖啡糖漿。

作法

1…在大碗中放入A料，隔水加熱的同時以手持式攪拌器（或打蛋器）打至呈現黏稠的慕絲狀（a）。

2…取另一大碗放入鮮奶油，疊放於另一個裝有冰水的大碗上，以手持式攪拌器將鮮奶油打至舀起時，呈現濃稠狀緩緩流下的程度。

3…在另一個大碗中放入馬斯卡邦乳酪，以打蛋器攪拌，接著加入步驟**1**材料後攪拌至呈現柔滑感後，再加入步驟**2**材料並仔細攪拌。

4…在容器內放入一半份量的手指餅乾，再以刷子刷上咖啡糖漿，充分浸潤餅乾（b）。

5…將一半份量的步驟**3**材料倒入步驟**4**材料中，擺放剩餘份量的手指餅乾於上層，並充分塗上咖啡糖漿。將剩餘的步驟**3**材料倒入後，放入冰箱冷藏約5小時。

6…從冰箱取出蛋糕，將可可粉以篩子過篩撒於蛋糕表面上即完成。

a

b

以具活性的水果酵素精華製作的和風點心，
水果酵素精華的溫和甜味，
與和風素材也非常搭調。

─和風點心─

五彩繽紛丸子串

彩色的糯米丸子可愛度滿點，
在白色湯圓裡放入黑豆作的甘納豆，
這樣的組合也非常美味！

材料（易製作的份量）

糯米粉	120g
南瓜（煮熟後過篩）	20g
冷凍乾燥草莓（整顆或粉末狀）	2g
抹茶	½小匙
水果酵素精華	適量

作法

1…在大碗中放入糯米粉，慢慢加入水120ml（份量外），揉捏成如耳垂般的軟硬度後，再分成4等份。

2…在¼量的糯米糰中加入南瓜泥、¼量加入弄碎的冷凍乾燥草莓、¼量加入抹茶，作成3種種類的糯米糰。

3…將3種種類的糯米糰與剩下的¼糯米糰，分別作成一口大小的丸子。

4…煮沸足量的開水，將步驟**3**的各種口味糯米丸子，一次一種口味分次放入沸水中煮，待糯米丸子浮起後撈起，沖冷水冷卻。

5…以竹籤串起步驟**4**糯米丸子，排放在盤中，淋上水果酵素精華即完成。

＊黑豆甘納豆的作法請參閱P.72。

牛奶葛餅×黑芝麻醬汁

只有葛餅才有如此充滿彈性又柔嫩的口感，淋上具有微高雅甜味的黑芝麻醬汁一併享用。

材料（13×15×高4cm模型・1個份）

葛粉	40g
牛奶	2杯
A	
水果酵素精華	¼杯
黑芝麻粉	4小匙

作法

1…在大碗中放入葛粉，慢慢加入牛奶，再以打蛋器仔細攪拌使其融化後過篩。

2…將步驟**1**移至鍋中，開中小火，以橡膠刮刀從鍋底往上攪拌慢煮。待四周開始起泡後再繼續邊攪拌邊煮幾分鐘。

3…將步驟**2**材料倒入模型，稍微放涼後放入冰箱冷藏。

4…在大碗中放入A料仔細攪拌，製作成黑芝麻醬汁。

5…將步驟**3**從冰箱取出，切成喜愛的形狀。盛至容器中，淋上步驟**4**醬汁。

豆漿奶酪＆生薑糖漿

圓潤風味的豆漿奶酪，
搭配清爽的生薑糖漿。

材料（直徑7×高5cm容器・6個份）

A

豆漿	2杯
鮮奶油	¾杯
水果酵素精華	80ml

吉利T	7g

B

水	180ml
水果酵素精華	90ml
薑汁	1大匙

枸杞（裝飾用）	適量

〈前置準備〉
・以適量的水溶解吉利T。

作法

1…在鍋中放入A料，開火溫熱。
2…關掉步驟1的火，加入以水溶開的吉利T，過篩後放涼。
3…將步驟**2**材料倒入容器後放入冰箱冷藏凝固。
4…在大碗中放入B料攪拌均勻。
5…在已冷卻凝固的步驟**3**上淋上步驟**4**材料，再依喜好放上枸杞裝飾。

加入糯米粉，就能作出充滿Q彈口感的果凍，
這道點心的製作重點是，
慢慢燉煮可讓粉粉的口感完全消失。

Q彈嚼勁の椰子奶凍×草莓醬汁

材料（直徑7×高6cm容器・6個份）

A

糯米粉	25g
寒天粉	4g
牛奶	1¾杯
水果酵素精華	60ml

B

鮮奶油	½杯
椰奶	70ml
君度橙酒	1小匙

C

草莓	80g（6粒）
水果酵素精華	40ml

草莓（裝飾用）　3粒

作法

1…在大碗中放入A料，以打蛋器仔細攪拌均勻後過篩。

2…將步驟**1**材料移至鍋中，開中小火，以橡膠刮刀從鍋底攪拌慢煮。待四周開始起泡後再繼續拌煮幾分鐘。

3…熄火後倒入B料，以打蛋器仔細攪拌。倒入容器稍微放涼後放入冰箱冷藏凝固。

4…將C料放入果汁機攪拌，製作草莓醬汁。

5…將步驟**4**的草莓醬汁淋在冷卻凝固的步驟**3**材料上，依喜好放上切半的草莓裝飾。

水果酵素精華＆酒類或下酒小菜相當搭配。

— 酒×下酒小菜 —

熱帶雞尾酒

大量加入了排毒效果絕佳的木瓜、鳳梨、芒果等水果，充滿南國風味的雞尾酒。

桑格利亞雞尾酒

放入大量水果、口感清爽的紅酒，加入氣泡水或冰塊也非常好喝。

c　奶油起司醬

材料（易製作的份量）

奶油起司	100g
檸檬汁	1小匙
酵素水果碎粒	60g
粉紅胡椒	1小匙

〈前置準備〉
・將奶油起司置於室溫下回溫。

作法

在大碗中放入奶油起司，加入檸檬汁後以打蛋器攪拌，再加入酵素水果碎粒、粉紅胡椒。

b　桑格利亞雞尾酒

材料（易製作的份量）

柳橙	½個
萊姆	½個
蘋果	¼個
A	
紅酒	375ml
水果酵素精華	½杯

作法

1…將柳橙與萊姆去皮後切成圓片，蘋果去皮後切成小丁。
2…將A料倒入玻璃壺中，加入步驟**1**材料後靜置一晚。

a　熱帶雞尾酒

材料（易製作的份量）

木瓜	¼個
鳳梨	½個
芒果	½個
A	
君度橙酒	2大匙
水果酵素精華	1小匙

作法

1…將木瓜、鳳梨、芒果等洗淨去皮、去掉種子，切成適口大小後放入果汁機攪拌。
2…將步驟**1**材料倒入玻璃杯後，加入A料再攪拌均勻。

奶油起司醬

只要攪拌就能輕鬆完成的奶油起司醬，
除了沾麵包之外，搭配生菜也非常美味。

c

d

炸牛蒡絲＆羅勒青醬

適合下酒的一道小菜，
將羅勒醬裡加入水果酵素精華，
增添圓潤的香甜風味。

d 炸牛蒡絲＆羅勒青醬

材料（易製作的份量）

羅勒青醬	
羅勒葉	20g
松子（稍微烤過）	15g
大蒜	¼瓣
水果酵素精華	2小匙
特級橄欖油	¼杯
天然鹽	½小匙
牛蒡	1根
炸油	適量

作法

1…將羅勒青醬的材料以食物調理機（或果汁機）攪拌成泥狀。

2…將牛蒡仔細清洗乾淨，切成長約10cm厚2至3mm的薄片，稍微浸水去除牛蒡氣味後，以廚房紙巾拭去水分。

3…將步驟**2**以180℃的油稍微酥炸。

4…將步驟**3**牛蒡盛入容器中，搭配步驟**1**沾醬食用。

第4章

水果酵素精華讓平凡的點心更添美味

水果酵素精華能引出食材美味，讓平凡的點心變得更好吃。這裡將介紹的點心，皆添加了水果酵素精華，滿溢著溫和的甜美風味。

a

在溫熱的飲料裡加入水果酵素精華，更能引出水果的香甜風味。

— 溫熱飲品 —

熱柚子茶

以柚子製作，含有豐富維生素C的熱飲。清爽的柑橘香氣，與水果酵素精華的溫和甜味非常搭調。

a　熱柚子茶

材料（1人份）

A

柚子皮（切細絲）	少許
柚子汁	2大匙
水果酵素精華	2大匙
熱水	¾杯

作法

在杯子中倒入A料攪拌均勻，再注入熱水。

玫瑰果&扶桑花花茶

玫瑰果與扶桑花的花茶具有美膚及美白效果。糖漿就以水果酵素精華取代。

b

c

辣味可可

黑胡椒的刺激感屬於成熟的口味，加入水果酵素精華，增添適度的甜味。

c 辣味可可

材料（易製作的份量）

可可粉（無糖）	尖尖的2小匙
水果酵素精華	2小匙
牛奶	¾杯
粗粒黑胡椒	1/6小匙

作法

1…在鍋中放入可可粉、水果酵素精華後以湯匙攪拌，再慢慢加入牛奶溶開。

2…在步驟**1**中加入黑胡椒後再稍微加溫。

b 玫瑰果＆扶桑花花茶

材料（易製作的份量）

A

香草茶包（玫瑰果與扶桑花茶茶包）	1袋
熱水	140ml小匙
水果酵素精華	2至3小匙

作法

1…在杯中放入A料，依照茶包說明時間蒸煮。

2…在步驟**1**中放入水果酵素精華後攪拌均勻。

從以水果酵素精華製作的清涼點心與冰涼點心，到加入酵素水果作成的蛋糕或水果塔等，想製作各式各式的西式點心都不是難事。

— 西式點心 —

甜番茄果凍

使用紅潤成熟甜度高的甜番茄製作點心，重點是當稍微產生濃稠感時倒入模型。

材料（直徑7×高4cm果凍模・6個份）

甜番茄	300g
水果酵素精華	70ml
水	2大匙
吉利T	13g
A	
柳橙汁	½杯
君度橙酒	1小匙

〈前置準備〉

・以適量的水溶解吉利T。

作法

1…以熱水燙過甜番茄去皮，橫向切半取出種子。將種子過篩，果肉部分以食物調理機打成泥狀，再將已篩去種子的果汁與果泥混合。

2…在鍋中放入水果酵素精華及材料份量中的水，煮沸後熄火。

3…加入溶解的吉利T，以橡膠刮刀攪拌混合後，倒入大碗放涼。

4…加入步驟**1**材料、A料後以橡膠刮刀攪拌混合，將大碗疊放至另一個裝有冰水的大碗慢慢攪拌，直至呈現濃稠感。

5…將步驟**4**倒入模型中，放入冰箱冷藏凝固。

芒果布丁

成熟芒果的濃厚甜味，
與水果酵素精華的水果風味非常搭調，
加入切成小方塊的芒果是好吃的祕訣。

材料（直徑6×高4cm果凍模・4個份）

芒果（削皮後切塊）	250g（果肉）
水果酵素精華	60ml
水	¼杯
鮮奶油	2大匙
吉利T	6g
芒果（切方塊）	60g（果肉）

〈前置準備〉
・吉利T與2大匙水（份量外）混合溶解。

作法

1…將芒果、水果酵素精華與份量中的水，放入果汁機打成泥狀。
2…在鍋中放入步驟**1**材料及鮮奶油，以中小火煮至鍋緣開始冒泡後熄火，加入已溶開的吉利T。
3…疊放於另一個裝有冰水的大碗上，稍微冷卻後，加入切成方塊的芒果充分混合。
4…將步驟**3**材料倒入模型中，放入冰箱冷藏凝固。

皇家奶茶芭芭露

在沸騰的牛奶中加入茶葉，讓紅茶的濃郁香味細細呈現。
口感圓潤的奶茶，
與充滿果香的水果酵素精華完美融合。

材料（直徑7×高3cm模型・6個份）

A	
牛奶	1½杯
水果酵素精華	70ml
紅茶	8g
吉利T	8g
鮮奶油	1杯

〈前置準備〉

・吉利T與水40ml（份量外）混合後溶解。

作法

1…在鍋中倒入A料，開火煮至沸騰。倒入紅茶後熄火蓋上蓋子，燜煮約10分鐘。

2…在步驟**1**材料中加入事先溶解的吉利T，溶化後過篩。

3…將步驟**2**材料疊於裝有冰水的大碗中，以橡膠刮刀攪拌至濃稠感出現後，加入鮮奶油（打發至舀起時會迅速往下流的程度）充分混合。

4…在模型中倒入步驟**3**材料，放入冰箱冷卻凝固。

玫瑰果&扶桑花果凍

使用含豐富維生素C的玫瑰果及扶桑花製作出來的美肌果凍，水果酵素精華的自然甜味，使玫瑰果的酸味變得圓潤溫和。

材料（直徑7×高5cm模型・4個份）

A

香草茶包（玫瑰果扶桑花茶茶包）	2袋
熱水	1½杯
水果酵素精華	70ml
吉利T	6g
君度橙酒	1小匙
柳橙（裝飾用）	適量
薄荷葉（裝飾用）	適量

〈前置準備〉

・先以適量的水溶解吉利T。

・將A料倒入茶壺後，請依茶包說明時間蒸煮。

作法

1…在鍋中放入A料、水果酵素精華，先煮沸後轉小火。

2…在步驟**1**放入溶解的吉利T，再疊於裝有冷水的大碗上冷卻。冷卻後加入君度橙酒。

3…開始呈現濃稠狀後倒入容器，放入冰箱冷藏凝固。

4…取出後依喜好放入剝成小瓣的柳橙及薄荷葉裝飾即完成。

南瓜冰淇淋

加入了大量南瓜，
水果酵素精華能引出南瓜的香甜，
製作出充滿柔和甜味的冰淇淋。

材料（易製作的份量）

A

南瓜	300g（果肉部分）
牛奶	1杯
水果酵素精華	90ml
鮮奶油	½杯

〈前置準備〉
- 將南瓜切成適當大小，以微波爐加熱約4分鐘，使其軟化。

作法

1…將A料放入食物調理機中，攪拌成泥狀後過篩。
2…在大碗中放入步驟**1**材料，再加入鮮奶油（事先打發至舀起時會迅速往下流的狀態）以打蛋器攪拌均勻。
3…將步驟**2**材料放至鐵盤中，放入冷凍庫冷卻，開始凍硬之後取出以打蛋器攪拌，使其內含有空氣。重複幾次後再放回冷凍庫冷藏凝固。

香草冰淇淋×柳橙脆片

製作香草冰淇淋時，
在冷凍凝固的過程中數度取出攪拌，
使口感變得柔滑。
再加上以水果酵素精華浸泡一晚的柳橙切片，
吃起來脆脆的，清淡的甜味與多汁口感都十分誘人。

材料（易製作的份量）

香草冰淇淋

香草莢	⅓根
牛奶	1¼杯
A	
蛋黃	2個
水果酵素精華	90ml
鮮奶油	½杯

柳橙脆片

柳橙（建議選用無果蠟的柳橙）	1個
水果酵素精華	1½杯

作法

1…首先製作香草冰淇淋。將香草莢切開，以刀刮出中間的香草種子。在鍋中放入香草種子與牛奶，加熱至即將沸騰前熄火。

2…在大碗中放入A料，以打蛋器攪拌至材料開始變白色。

3…將步驟**1**材料一點一點的放入步驟**2**材料，溶開後倒回鍋中開小火。以橡膠刮刀從鍋底往上攪拌，慢慢煮至濃稠感。

4…將步驟**3**材料過篩後，疊在另一個裝有冰水的大碗上，攪拌直到冷卻。加入鮮奶油（事先打發至舀起時會呈現濃稠狀緩緩流下的程度），放入冰箱冷凍。在冰淇淋變硬前，取出數回以打蛋器攪拌。

5…製作柳橙脆片。將柳橙仔細洗淨後，切成厚2至3mm的薄片。

6…在鍋中放入水果酵素精華後煮沸，再熄火。馬上放入步驟**5**的柳橙片浸泡一晚。

7…將步驟**6**柳橙片排放於廚房紙巾上吸掉水分。排放在鋪有烘焙紙的烤盤中，放入已預熱至100℃烤箱中烘烤1小時，將柳橙片烤乾。

半熟起司蛋糕

加入凝聚了水果美味的酵素水果泥，
烘烤出濕潤的口感。
品嘗時口中洋溢著滿滿的水果香氣。

材料（直徑7×高2.5cm橢圓模型・7個份）

奶油起司	150g
雞蛋	1個
A	
鮮奶油	70ml
酵素水果泥	50g
君度橙酒	1大匙
玉米澱粉	1小匙

〈前置準備〉
・奶油起司、雞蛋置於室溫下回溫。
・烤箱預熱至170℃。

作法

1…在大碗中放入奶油起司，以打蛋器打成奶霜狀。加入打散的蛋及A料後仔細攪拌均勻。

2…將步驟**1**材料倒入橢圓模型中，排於烤盤上。在烤盤中倒入半滿的熱水，放入已預熱至170℃烤箱中，隔水烘烤約40至50分鐘。

巧克力蛋糕

巧克力與酵素水果泥的組合最是協調，
也可以替換為自己喜歡的巧克力口味。

材料（直徑5cm馬芬蛋糕模・6個份）

黑巧克力	50g
奶油（無鹽）	40g
雞蛋	2個
牛奶	2大匙
甜菜糖	20g
A	
酵素水果泥	70g
君度橙酒	2小匙
B	
低筋麵粉	20g
可可粉	35g

〈前置準備〉
- 在大碗中放入A料後攪拌均勻。
- 將B料混合後過篩。
- 奶油、雞蛋及牛奶置於室溫下回溫。
- 將雞蛋的蛋白及蛋黃分開。
- 烤箱預熱至170℃。

作法

1…在大碗中放入巧克力與奶油，隔水加熱溶解。

2…取另一大碗中放入蛋黃，以打蛋器攪拌至變白為止。

3…在步驟**1**材料中加入步驟**2**材料、牛奶及A料，以打蛋器仔細攪拌均勻。

4…在另一個大碗中放入蛋白、甜菜糖後打發製作蛋白霜。

5…在步驟**3**中倒入步驟**4**⅓量的蛋白霜，仔細攪拌均勻。

6…將B料的一半份量及步驟**4**的⅓份量依序交互加入後混合均勻。

7…將步驟**6**材料倒入馬芬蛋糕模中，放入已預熱至170℃烤箱中烘烤約15分鐘。

巧克力歐菲香甜甜圈

將麵團事先放入冰箱徹底冷卻，是脫模成功的關鍵，這是一款甜度低，且洋溢著可可微苦風味的甜甜圈。

材料（直徑7cm甜甜圈模型・7個份）

奶油（無鹽）	30g
甜菜糖	30g
雞蛋	1個
牛奶	1大匙
A	
低筋麵粉	180g
可可粉	20g
泡打粉	1小匙
酵素水果碎粒	100g
炸油	適量

〈前置作業〉

・將A混合後過篩。

・奶油、雞蛋及牛奶置於室溫下回溫。

作法

1…在大碗中放入奶油後以打蛋器打成奶霜狀，加入甜菜糖後攪拌均勻。慢慢加入打散的蛋及牛奶後繼續攪拌均勻。

2…加入A料後以刮板攪拌，再加入酵素水果碎粒，以手將麵團及水果充分混合均勻（a）。壓平後以保鮮膜包覆後，放入冰箱醒麵約30分鐘。

3…在平台上輕灑上低筋麵粉（份量外），放上步驟**2**麵團，以擀麵棒擀成厚約8mm，再撒上低筋麵粉（份量外）後以甜甜圈模輕壓。※以保鮮膜間隔開每個甜甜圈麵團，可以防止麵團相黏。

4…以竹籤於麵團上淺淺的畫上一圈凹痕（b）。將凹痕面朝下放入以加熱至160℃油鍋中，雙面炸約4至6分鐘（c）。

a

b

c

燕麥餅乾

加入大量含豐富食物纖維的燕麥片，是十分健康的餅乾。玉米片的酥脆感與酵素水果碎粒的顆粒感非常「速配」。

材料（直徑5cm餅乾・20個份）

奶油（無鹽）	70g
水果酵素精華	20ml
A	
低筋麵粉	70g
燕麥（稍微切碎）	30g
泡打粉	⅓小匙
酵素水果碎粒	70g
玉米片	25g

〈前置準備〉

・將A混合均勻。
・奶油置於室溫下回溫。
・將烘焙紙鋪於烤盤上。
・烤箱預熱至180℃。

作法

1…在大碗中放入奶油後以打蛋器打成奶霜狀，加入水果酵素精華後仔細攪拌均勻。

2…加入A料後以刮板迅速攪拌，再放入酵素水果碎粒及玉米片混合均勻。

3…以2根湯匙（或手）將步驟**2**麵團製作成適口大小的圓形，排列於烘焙紙上，以湯匙（或手）壓平。

4…放入已預熱至180℃烤箱中烘烤20分鐘。

香蕉塔

將酵素水果碎粒加入杏仁奶油中，洋溢著滿滿的水果香氣。
香蕉可替換成蘋果或栗子，別有一番風味。

材料（直徑20cm蛋糕塔模型・1個份）

塔皮麵團
- 奶油（無鹽） 90g
- 甜菜糖 60g
- 雞蛋 ½個
- A
  - 低筋麵粉 100g
  - 杏仁粉 20g

杏仁奶油
- 奶油（無鹽） 80g
- 甜菜糖 20g
- 雞蛋 2個
- B
  - 杏仁粉 110g
  - 低筋麵粉 40g
- 紅茶茶葉（格雷伯爵紅茶茶包） 1袋
- 君度橙酒 1小匙
- 酵素水果碎粒 100g

香蕉片（斜切成5mm厚度） 2至3根份

〈前置準備〉
- 將A料混合後過篩。
- 將B料混合後過篩。
- 奶油、雞蛋置於室溫下回溫。
- 烤箱預熱至180℃。

作法

1…製作香蕉塔麵團。在大碗中放入奶油後以打蛋器打成奶霜狀，加入甜菜糖後混勻。慢慢倒入打散的蛋液後攪拌均勻。

2…加入A料，以刮板攪拌至無粉料（a）。將麵團包覆保鮮膜後放入冰箱冷藏2小時（如果能放置一晚更佳）醒麵。

3…製作杏仁奶油。在大碗中放入奶油後以打蛋器打成奶霜狀，加入甜菜糖後混勻，接著慢慢倒入打散的蛋液後攪拌均勻。

4…加入B料後以打蛋器攪拌，加入格雷伯爵紅茶、君度橙酒、酵素水果碎粒後混合均勻（b）。

5…以擀麵棒將步驟**2**麵團擀成厚3mm，鋪至模型中，以叉子於麵團上刺出小洞。在模型中倒入步驟**4**杏仁奶油，鋪滿整個表面，再將香蕉片呈放射狀排列（c）。

6…放入已預熱至180℃烤箱中烘烤30分鐘。

a

b

c

羅勒起司蔬菜棒 & 芝麻南瓜棒

羅勒與起司作成的蔬菜棒，羅勒與起司的鹹味一拍即合，非常適合當作下酒點心。芝麻南瓜棒加入了水果酵素精華，增添微微的甜味。

a　羅勒起司蔬菜棒

材料（5mm×10cm棒狀・約50根份）

胡蘿蔔（1cm厚度的小丁）	⅔根份（約100g）
水果酵素精華	2小匙
A	
低筋麵粉	100g
帕馬森起司	2大匙
特級初榨橄欖油	2小匙
羅勒（乾燥）	1小匙
天然鹽	一小搓

作法

1…將胡蘿蔔放入耐熱容器，倒入水果酵素精華，以保鮮膜包覆後，以微波爐加熱使其軟化，取出倒掉水分後以食物調理機攪拌（也可以磨泥器磨成細泥狀）。

2…在大碗中放入步驟**1**材料，加入A料後以手揉捏。以保鮮膜包覆麵團放入冰箱，冷藏約10分鐘醒麵。

3…以擀麵棒將步驟2麵團擀成厚3mm，切成每根5mm×高10cm的棒狀。

4…將步驟**3**棒狀麵團排放於烤盤上，放入已預熱至170℃烤箱中，烘烤約15至20分鐘。

b　芝麻南瓜棒

材料（5mm×10cm棒狀・約50根份）

南瓜（厚度2cm的小丁）	100g
水果酵素精華	2小匙
A	
低筋麵粉	100g
特級初榨橄欖油	4小匙
白芝麻粉	1大匙
白芝麻粒	2小匙
天然鹽	½小匙

〈前置準備〉

- 將低筋麵粉過篩。
- 將烘焙紙鋪於烤盤上。
- 烤箱預熱至170℃。

作法

1…將南瓜放入耐熱容器，倒入水果酵素精華。以保鮮膜包覆後，以微波爐加熱使其軟化，倒掉水分後以叉子壓碎。

2…在大碗中放入步驟**1**材料，加入A後以手揉捏。以保鮮膜包覆麵團放入冰箱，冷藏約10分鐘醒麵。

3…以擀麵棒將步驟**2**麵團擀成厚3mm，切成每根5mm ×高10cm的棒狀。

4…將步驟**3**棒狀麵團排放於烤盤上，放入已預熱至170℃烤箱中烘烤約15至20分鐘。

全麥義式脆餅

義式脆餅的特色在於其酥脆的口感，使用含豐富礦物質的全麥麵粉，並加入大量酵素水果碎粒，是一款健康餅乾。

材料（1.5×10cm餅乾・約18個份）

奶油（無鹽）	15g
水果酵素精華	40ml
雞蛋	1個
A	
全麥麵粉	70g
低筋麵粉	50g
杏仁粉	30g
泡打粉	1小匙
酵素水果碎粒	150g

〈前置準備〉

・將A混合後過篩。
・奶油、雞蛋置於室溫回溫。
・將烘焙紙鋪於烤盤上。
・烤箱預熱至170℃。

作法

1…在大碗中放入奶油，加入水果酵素精華後以打蛋器攪拌。
※奶油開始融化開時，加入A料份量內1小匙後仔細攪拌均勻。

2…慢慢倒入打散的蛋液，仔細攪拌。

3…再加入A料後以橡膠刮刀迅速混合，再加入酵素水果碎粒。

4…將步驟**3**麵團擀平成厚8mm、長10cm的片狀於烘焙紙上。

5…放入已預熱至170℃烤箱中，烘烤約20分鐘後，取出切成約寬1.5cm，將切斷面朝上，再次排放至烘焙紙上，放入調降至150℃烤箱中烘烤約12分鐘，翻面繼續烤12分鐘後即完成。

這裡介紹的是以水果酵素精華＆抹茶、豆渣等和風食材一同製作，清爽口味的和風點心。

—和風點心—

Q彈雞蛋布丁

不須蒸即可完成的簡單和風布丁，加入葛粉，吃得到獨特的彈性口感。

材料（直徑7×高3.5cm橢圓模型・5個份）

葛粉	10g
牛奶	1杯
A	
蛋黃	2個
鮮奶油	½杯
水果酵素精華	¼杯
香草精	少許
黑糖漿	
黑糖	40g
水	40ml

作法

1…在大碗中放入葛粉，慢慢加入牛奶，以打蛋器攪拌溶解，再加入A料混勻、過篩。

2…將步驟**1**材料倒入鍋中，開中小火，以橡膠刮刀從鍋底攪拌。待周圍開始起泡後再繼續攪拌約2分鐘後熄火。

3…將步驟**2**材料倒入模型中，靜置冷卻後放入冰箱冷藏。

4…在鍋中放入黑糖漿的材料，一邊煮一邊攪拌。待黑糖融化後熄火冷卻。

5…從冰箱取出步驟**3**布丁，再淋上步驟**4**糖漿即完成。

黃豆粉風味の蕨餅風果凍

充分展現水果酵素精華溫&甜味的蕨餅風果凍。
避免酵素會分解吉利T，影響凝固狀況，
請務必將水果酵素精華先加熱後再使用。

材料（13×15×高4cm模型・1個份）

A

水果酵素精華	1杯
水	130ml
吉利T	7g
黃豆粉	適量
枸杞（裝飾用）	適量
松子（裝飾用）	適量

〈前置準備〉

・以適量的水溶解吉利T。

作法

1…將A料放入鍋中開火，煮沸後熄火。

2…在步驟**1**材料中加入溶解的吉利T後，過篩。

3…將步驟**2**果凍倒入模型中，放入冰箱冷藏凝固。

4…將步驟**3**果凍切成適口大小，撒上黃豆粉，放上枸杞與松子作裝飾。

顆粒紅豆醬

紅豆與水果酵素精華一同熬煮而成的紅豆醬，除了可以作成紅豆冰棒，也能搭配麻糬或吐司食用。多作一些冷凍保存起來，使用更便利。

a　顆粒紅豆醬

材料（易製作的份量）

紅豆	300g
水果酵素精華	2¼杯

作法

1…將洗過的紅豆放入鍋中，加入足量的水，以中火煮沸，煮沸後再加冷水，再煮沸時以濾網撈起，完全瀝乾水分。

2…在鍋中放入步驟**1**材料及足量的水，煮滾後轉小火，繼續燉煮至以手指可以捏碎紅豆的程度。

3…將步驟**2**材料連同煮汁一起移至大碗中，小心地注入足量清水。待紅豆沉澱後再將上層的清水倒掉，重複此動作直至上層的水呈現完全清澈的狀態。

4…將步驟**3**材料舀至鋪有廚房紙巾的濾網上，瀝乾水分。

5…將步驟**4**材料及水果酵素精華倒入鍋中，以中火一邊攪拌一邊熬煮約4分鐘。

抹茶刨冰

加上清涼的抹茶刨冰，水果酵素精華更增添甜蜜滋味。直接吃也很好吃，更推薦加上顆粒紅豆醬的吃法喔！

b　抹茶刨冰

材料（易製作的份量）

抹茶粉	4g
熱水	1½杯
水果酵素精華	40ml

作法

1…在大碗中放入抹茶粉，加入熱水後以打蛋器攪勻。

2…稍微放涼後加入水果酵素精華攪拌，過篩後倒入不鏽鋼的鐵盤中，再放入冰箱冷凍。

3…待步驟**2**的周圍變硬後，取出鐵盤以叉子搗碎，重複2至3次直至冰塊變成碎冰狀。

b　a

紅豆冰棒

在顆粒紅豆醬中加入水果酵素精華作成的冰棒！
由於加入了吉利T，紅豆顆粒分布均勻，口感更柔滑。

材料（4×7cm冰棒模・3根份）

水	90ml
顆粒紅豆醬	
（請參閱P.68的作法）	150g
吉利T	3g
水果酵素精華	3大匙

〈前置準備〉
・將吉利T與1大匙水（份量外）溶解。

作法

1…在鍋中放入份量中的水後煮沸，加入顆粒紅豆醬後以橡膠刮刀攪拌後熄火，加入溶解的吉利T繼續攪拌。

2…待步驟**1**材料冷卻後，加入水果酵素精華攪拌均勻。

3…將步驟**2**疊於裝有冰水的大碗中，開始出現濃稠感後即倒入冰棒模中，放入冰箱冷凍。

b
a

黃豆粉雪球餅乾

以香氣四溢的黃豆粉＆甜味柔和的水果酵素精華，
製作成味道純樸的雪球餅乾。

抹茶雪球餅乾

香氣四溢的杏仁奶油與略帶苦味的抹茶是天作之合。
使用高級抹茶
作出來的成品顏色更漂亮。

a　黃豆粉雪球餅乾

材料（直徑2.5圓形・40個份）

奶油（無鹽）	60g
水果酵素精華	60ml
A	
低筋麵粉	100g
黃豆粉	40g
糖粉	適量

〈前置準備〉
・將A料混合後過篩。
・奶油置於室溫下回溫。
・將烘焙紙鋪於烤盤上。
・烤箱預熱至160℃。

作法

1…在大碗中放入奶油，以打蛋器器打成奶霜狀。

2…在步驟**1**材料中加入水果酵素精華，以打蛋器充分攪拌均勻。

3…在步驟**2**材料中加入A料，以橡膠刮刀快速混合均勻。稍微整形後放入冰箱冷凍庫冷卻約15分鐘。

4…將步驟**3**麵團從冷凍庫取出，以手揉成直徑約2cm的圓球。

5…將步驟**4**麵團排放在烤盤上，放入已預熱至160℃的烤箱中烘烤約20分鐘。烤好後取出，靜置冷卻再撒上糖粉。

b　抹茶雪球餅乾

材料（直徑2.5圓形・40個份）

奶油（無鹽）	60g
水果酵素精華	60ml
A	
低筋麵粉	110g
杏仁粉	30g
抹茶粉	3g
糖粉	適量

〈前置準備〉
・將A料混合後過篩。
・奶油置於室溫下回溫。
・將烘焙紙鋪於烤盤上。
・烤箱預熱至160℃。

作法

1…在大碗中放入奶油，以打蛋器打成奶霜狀。

2…在步驟**1**材料中加入水果酵素精華，以打蛋器充分攪拌均勻。

3…在步驟**2**材料中加入A料，以橡膠刮刀快速混合均勻。稍微整形後放入冰箱冷凍庫冷卻約15分鐘。

4…將步驟**3**麵團從冷凍庫取出，揉成直徑約2cm的圓球。

5…將步驟4麵團排放在烤盤上，放入已預熱至160℃的烤箱中烘烤約20分鐘。烤好後取出，靜置冷卻再撒上糖粉。

黑豆甘納豆

將水果酵素精華分為多次加入黑豆裡，讓味道慢慢滲入，是製作這道點心的關鍵。將黑豆靜置時，只要水分一滲出，就加入適量的水果酵素精華。

材料（易製作的份量）

黑豆	100g
水果酵素精華	1½杯
水	1½杯
黃豆粉	適量

〈前置準備〉

・黑豆洗淨後，以4倍份量的水浸泡一個晚上。

作法

1…將浸泡了一個晚上的黑豆以濾網瀝乾水分，在蒸鍋中鋪上烘焙紙，放入黑豆以中火蒸約50分鐘。

2…在另一個鍋中放入水果酵素精華½杯及份量中的水，煮沸後放入蒸好的黑豆，撈掉浮在上層的泡渣，以烘焙紙蓋住水面後再蓋上鍋蓋，熄火放置一晚（至6小時以上）。

3…在步驟**2**材料中加入水果酵素精華½杯，以烘焙紙蓋住水面後轉小火煮約30分鐘。熄火後放置一晚（最少6小時以上）。

4…在步驟**3**材料中加入水果酵素精華½杯，以烘焙紙蓋住水面後轉小火煮約30分鐘。熄火後放置一晚（最少6小時以上）。

5…將步驟**4**材料放置於濾網上瀝水約30分鐘（濾出的煮汁可用於P.73的冰湯圓甜湯，請勿丟棄）。將黑豆均勻地放在鋪有烘焙紙的烤盤上，放入已預熱至110℃的烤箱中，烘烤約 50分鐘，使表面乾燥。

6…依喜好撒上黃豆粉。

冰湯圓甜湯

毫不浪費製作黑豆甘納豆時的美味煮汁，冰沙狀的甜湯開始融化後正是最好吃的時候。請自行加水調整成個人喜愛的甜度。

材料（易製作的份量）

黑豆甘納豆的煮汁（參考P.72的作法）	適量
糯米粉	60g
水	60ml

作法

1…將黑豆甘納豆的煮汁放入不鏽鋼製的鐵盤中，放入冷凍庫冷凍凝固。中途取出數次以叉子攪拌成冰沙狀。

2…在大碗中放入糯米粉，再慢慢加入份量中的水，揉捏成耳垂般的軟硬度後，揉成適口大小的圓形。

3…將步驟**2**材料丟入沸騰的水中，待湯圓浮起後再沖冷水。

4…將步驟**1**冰沙放入容器中，再放入湯圓。

豆渣磅蛋糕

以微波爐加熱豆渣，就能除去豆渣特有的氣味。
加入大量的酵素水果碎粒，口感滿分！
不只能當作點心，也能當作早餐喔！

材料（8×21×高6cm磅蛋糕模型・1個份）

豆渣	220g
泡打粉	1小匙
奶油（無鹽）	70g
雞蛋	3個
A	
水果酵素精華	¼杯
酵素水果碎粒	200g
君度橙酒	2大匙
酵素水果（裝飾用）	適量

〈前置準備〉
- 在大碗中放入A料後靜置約30分鐘，以篩網過篩將水果及液體分開。
- 奶油及雞蛋置於室溫下回溫。
- 將雞蛋的蛋白及蛋黃分開。
- 將烘焙紙鋪於磅蛋糕模型中。
- 烤箱預熱至170℃。

作法

1…在平盤上鋪上豆渣，以微波爐微波1分鐘，取出後以叉子攪拌（a）。再次放入微波爐加熱1分鐘，讓水分稍微蒸散後靜置待涼。

2…在大碗中放入步驟**1**材料與泡打粉，仔細攪拌避免粉類結塊。

3…在另一個大碗中放入奶油，以打蛋器攪拌至柔滑狀，再將蛋黃一個接一個放入後仔細攪拌均勻。

4…將材料A料中的液體類慢慢加入混合，再加入步驟**2**材料的一半份量後仔細攪拌。

5…在另一個大碗中放入蛋白後，以打蛋器打成蛋白霜。

6…在步驟**4**材料中放入步驟**5**蛋白霜的一半份量，以打蛋器攪拌。加入剩餘份量的步驟**2**及**5**材料後繼續攪拌，再加入酵素水果碎粒繼續攪拌（b）。

7…將步驟**6**材料倒入磅蛋糕的模型，以橡膠刮刀將表面抹平。將模型於桌上輕敲，使空氣排出，並在中央放上裝飾用的酵素水果碎粒（c）。

8…放入已預熱至170℃的烤箱中，烘烤約45分鐘，烤好後脫模靜置待涼。

a

b

c

心形炸泡芙

在麵團中融入酵素水果泥，洋溢著水果風味的炸泡芙。慢慢地以少量的添加雞蛋調整麵團的軟硬度。以肉桂糖取代黃豆粉也非常美味。

材料（心形・9個份）

A

水	¼杯
牛奶	¼杯
奶油（無鹽）	40g

B

低筋麵粉	70g
泡打粉	½小匙
雞蛋	1至1½個
酵素水果泥	30g
炸油	適量
黃豆粉	30g
黍砂糖	30g

〈前置準備〉
・將B料混合後過篩。
・雞蛋置於室溫回溫。
・將黃豆粉與黍砂糖混勻。

作法

1…在鍋中放入A料以中火使奶油完全融化，沸騰後熄火。將已過篩的B料一次倒入，以木匙迅速攪拌。

2…將步驟**1**再度轉中火煮約1分鐘，讓多餘的水分蒸發。當鍋底開始產生一層薄膜後熄火，倒入大碗中。

3…在步驟**2**中慢慢加入打散的蛋液，並攪拌均勻，調節至以橡膠刮刀舀起後於10秒內流下的硬度（a）。
※因為還要在麵團中加入酵素水果泥，所以會製作比一般的泡芙麵團來得硬一點。注意不要加入太多的蛋液。

4…在步驟**3**材料中加入酵素水果泥後充分混合均勻。將麵團放入星形擠花嘴的擠花袋中，在剪成12cm正方的烘焙紙上，擠出心形麵團（b）。
※如果使用圓形擠花嘴的擠花袋，在油炸時麵團會裂開，請避免使用。

5…麵團連同烘焙紙，將麵團朝下放入已預熱至170℃的油鍋中油炸（c）。油炸途中烘焙紙快要剝離時，即將麵團翻面並將烘焙紙取下（d）。將麵團炸至酥脆呈現金黃色澤即可撈起。

6…將步驟**5**成品直立放置於網子上瀝油。※如果以平躺狀態，麵團表面溝裡的油不容易瀝乾，吃起來會較油膩，請特別注意。

7…待油瀝乾後，將事先混合好的黃豆粉及黍砂糖以篩網過篩薄撒一層於泡芙上。

a

b

c

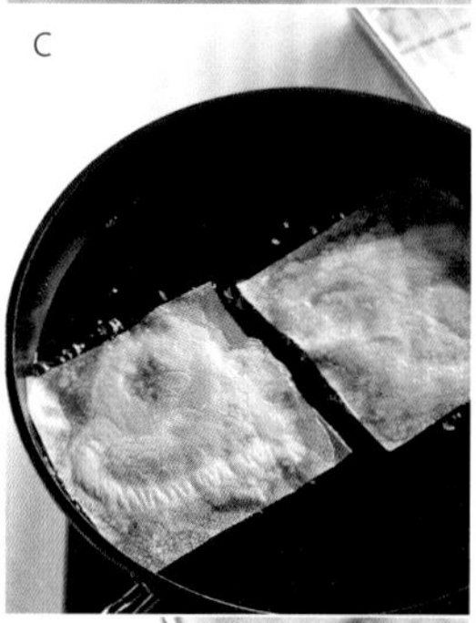

d

閃亮亮拔絲地瓜

加了水果酵素精華熬煮成的水果風味糖蜜，包裹上地瓜後食用。風味純樸，是令人懷念的拔絲地瓜。

材料（易製作的份量）

地瓜（大）	1根
炸油	適量
水果酵素精華	¾杯
白芝麻	1小匙

Point 燉煮糖蜜時要如何得知燉煮狀況呢？在水中滴入幾滴糖蜜，當糖蜜不會散開而是呈現小小的球狀即算完成，千萬不要煮過頭了。

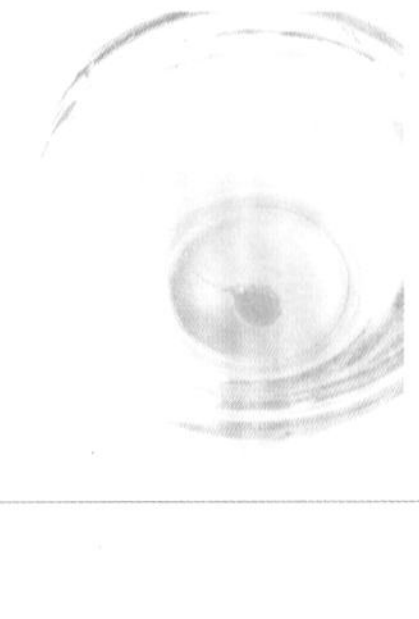

作法

1…將地瓜洗淨切成適口大小後浸一下水，放至篩網上瀝乾後再以廚房紙巾拭乾水分。

2…將步驟**1**地瓜放入以預熱至170℃的油鍋中炸熟。

3…在平底鍋中放入水果酵素精華後以小火熬煮。

4…將步驟**2**地瓜塊放入步驟**3**糖蜜中，加入白芝麻攪拌好，擺在烘焙紙上即可。請注意不要讓地瓜塊沾黏在一起。

花林糖

水果酵素精華的溫和甜味再加上黑糖的濃醇，完成了美味的黑糖蜜。
燉煮好的糖蜜，可以滴幾滴在水中確認是否完成。

材料（長約5cm棒狀・約35根份）

雞蛋	1個
A	
水果酵素精華	3大匙
菜籽油	1大匙
B	
低筋麵粉	200g
泡打粉	1小匙
炸油	適量
C	
黑糖	70g
水果酵素精華	½杯

〈前置準備〉

・將B料混合後過篩。

作法

1…在大碗中放入雞蛋並打散，加入A料後以打蛋器充分攪拌均勻。

2…在步驟**1**中加入B料，以橡膠刮刀充分攪拌均勻。途中以手整形，再以擀麵棒擀成厚約5mm，再切成寬7mm長5cm的條狀。

3…將步驟**2**麵團放在桌面上輕滾，滾去角度揉成圓柱狀（a）。

4…以已預熱170℃的炸油炸熟，炸至外表呈現金黃色後撈起（b）。

5…在平底鍋中放入C料，以橡膠刮刀一邊混合一邊以小火熬煮至呈現濃稠感。將糖蜜滴入幾滴在水中，若糖蜜不會散開而是呈現小小的球狀，即算完成。

6…將步驟**4**加入步驟**5**中，使糖蜜包裹於外層（c），排放在烘焙紙上（請注意不要互相沾黏），靜置待乾至糖蜜不會沾手的狀態。

a

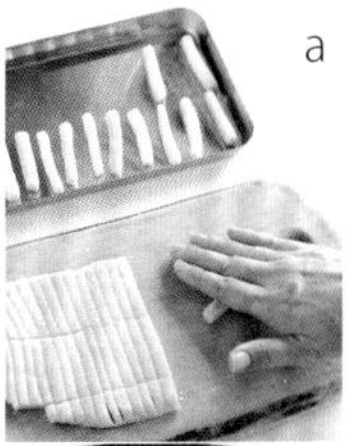

b

c

烘焙良品 19

愛上水果酵素手作好料
醬・醃・泡・釀・烤81道料理・輕食・點心・飲品

作　　者／小林順子
譯　　者／黃鏡蒨
發 行 人／詹慶和
總 編 輯／蔡麗玲
執行編輯／詹凱雲
編　　輯／蔡毓玲・林昱彤・劉蕙寧・李盈儀・黃璟安
封面設計／周盈汝
美術編輯／陳麗娜
內頁排版／鯨魚工作室
出 版 者／良品文化館
郵政劃撥帳號／18225950
戶　　名／雅書堂文化事業有限公司
地　　址／220新北市板橋區板新路206號3樓
電子信箱／elegant.books@msa.hinet.net
電　　話／(02)8952-4078
傳　　真／(02)8952-4084

2013年6月初版一刷　定價 300元

總經銷／朝日文化事業有限公司
進退貨地址／235新北市中和區橋安街15巷1號7樓
電話／（02）2249-7714　　傳真／（02）2249-8715

STAFF
発行人／大沼 淳
設計／Tsukuno
撮影／原田真理
造型／八木佳奈
調理助手／なおちはるみ、たちばなさわ
遠藤　聡（エス・プランニング）
校閲／山脇節子・鈴木良子
編輯／秋山たおり
浅井香織（文化出版局）
撮影協力／アワビーズ　電話03-5786-1600

國家圖書館出版品預行編目(CIP)資料

愛上水果酵素手作好料：醬・醃・泡・釀・烤81道料理・輕食・點心・飲品 / 小林順子著；黃鏡蒨譯.
-- 初版. -- 新北市：良品文化館, 2013.06
面；　公分. -- (烘焙良品；19)
ISBN 978-986-7139-88-7(平裝)

1.食譜 2.酵素
427.1　　102009110

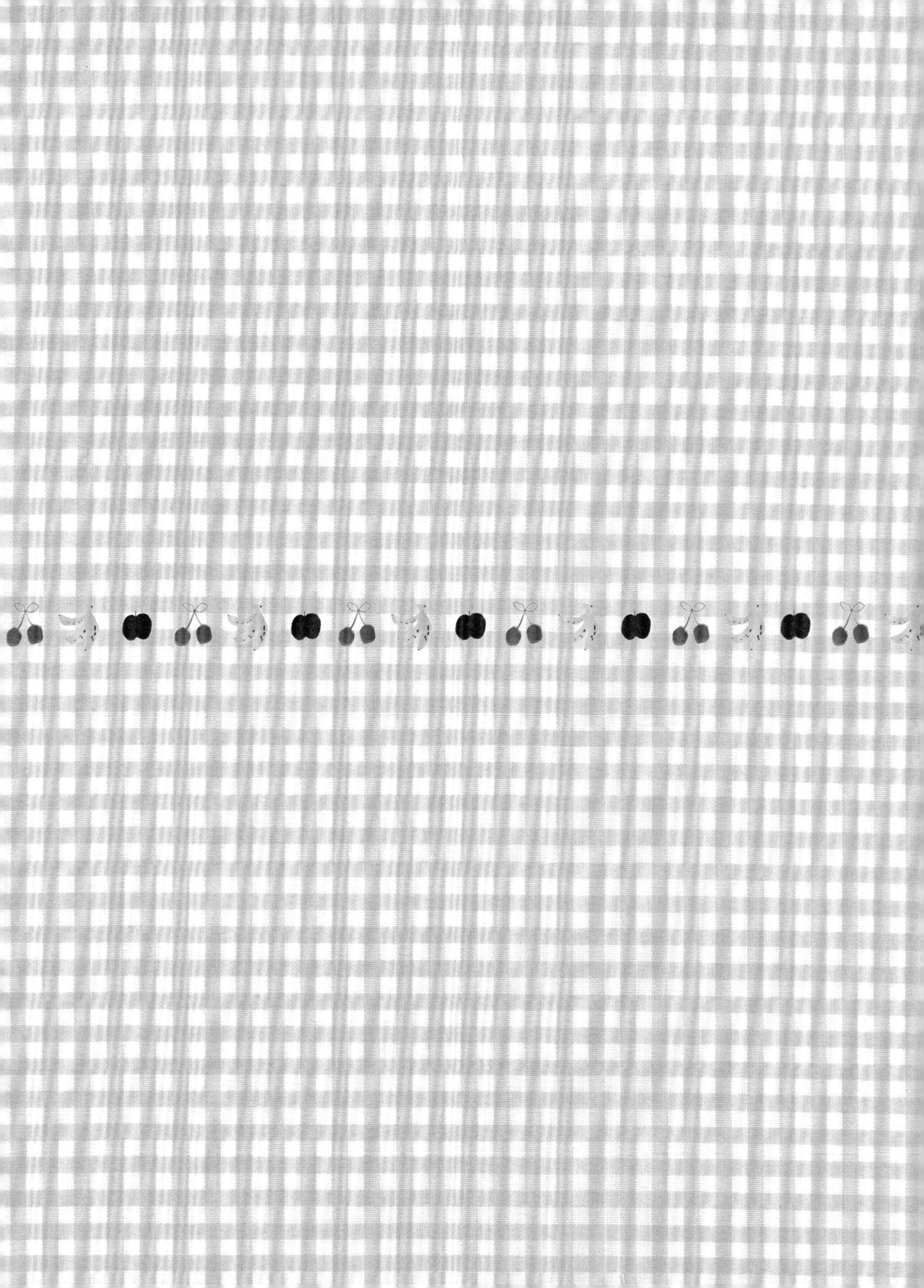

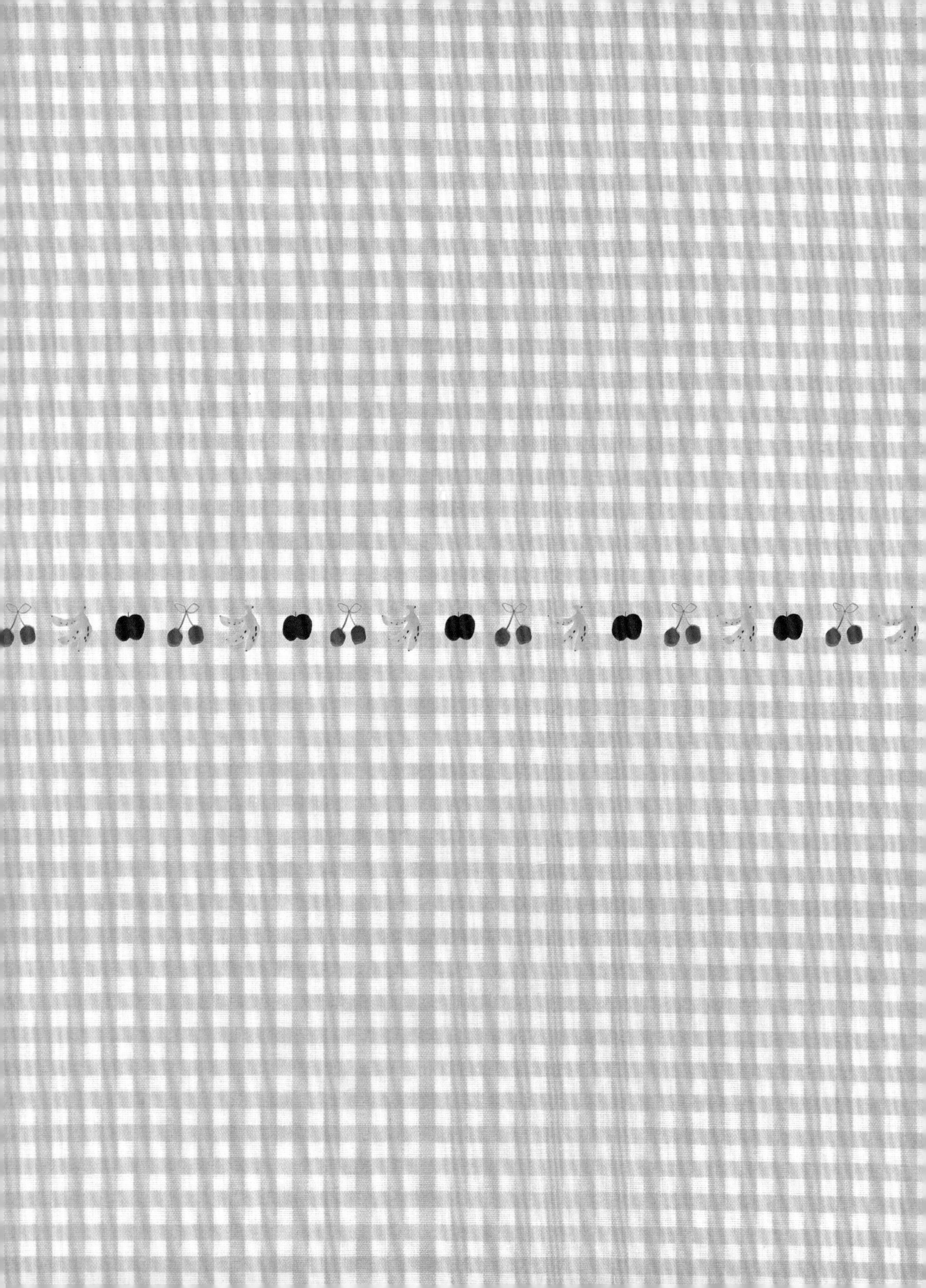